Yang, Elementarteilchen

Chen Ning Yang
Nobelpreisträger

Elementarteilchen

Von der Entdeckung des Elektrons bis zum Sturz der Parität

Mit 39 Abbildungen

W DE G 1972

Walter de Gruyter · Berlin · New York

Titel der Originalausgabe: Elementary Particles L. C. Card 60-12285

Übersetzt von: Prof. Dr.-Ing. Martin Lambeck
Technische Universität Berlin

ISBN 3 11 00 36 31 2

Satz und Druck: Georg Wagner, Nördlingen
Printed in Germany

Vorwort des Übersetzers

Als im Jahre 1957 Yang und Lee den Physik-Nobelpreis für den „Sturz der Parität" erhielten, war eine scheinbar selbstverständliche Annahme über die Struktur der uns umgebenden Welt, die Annahme der Gleichberechtigung von links und rechts (Parität), erschüttert worden. Die beiden Forscher hatten entdeckt, daß im Fall der sogenannten schwachen Wechselwirkungen die links-rechts Symmetrie physikalischer Vorgänge nicht erhalten bleibt, daß es vielmehr Prozesse gibt, deren Spiegelbilder unmögliche Ereignisse darstellen. Doch wurde zugleich die Symmetrie auf einer höheren Ebene wiederhergestellt, indem das Verhalten der Antimaterie in Betracht gezogen wurde. Danach verläuft ein Vorgang in unserer Welt ebenso wie sein Spiegelbild in der „Antiwelt". Diese höhere Symmetrie durch kombinierte Vertauschung eines Vorgangs mit seinem Spiegelbild *und* der Vertauschung von Materie mit Antimaterie wird durch das Bild auf dem Umschlag verdeutlicht. Die dunklen Reiter reiten nach rechts, die hellen nach links. Betrachtet man das Bild im Spiegel, entsteht durch die Umkehr der Bewegungsrichtung ein neues Bild, das sich vom Original unterscheidet. Vertauscht man jedoch zusätzlich die hellen und dunklen Farben, dann ist das Spiegelbild wieder gleich dem Original.
Diese Entdeckung und die Erkenntnis von der überragenden Bedeutung der Symmetrie für das Verständnis des Naturgeschehens bedeuten einen Höhepunkt in der erregenden Geschichte der Entdeckung der Elementarteilchen vom Elektron über das Proton, Neutron und Positron bis zu den Mesonen und „seltsamen Teilchen" sowie deren Beschreibung durch Masse, Ladung, Spin, Baryonenzahl, Leptonenzahl, Strangeness, starke und schwache Wechselwirkungen. In Yangs lebendiger Darstellung der Entdeckungen in ihrem historischen Ablauf werden alle diese Begriffe durch ihre logische Entwicklung klar und anschaulich verständlich, ohne daß es

mathematischer Formeln bedürfte. Die Betonung liegt auf dem ständigen Wechselspiel zwischen theoretischen Konzeptionen und experimentellen Beweisen, deren Zusammenwirken unser heutiges Verständnis vom atomaren Aufbau der Welt und ihrer Symmetrien erlaubt sowie den philosophischen Konsequenzen dieser Erkenntnisse.

M. Lambeck

* Nach angelsächsischem Brauch werden hier und an anderen Stellen des Buches Vorlesungsreihen nach der Persönlichkeit benannt, zu deren Ehren sie gehalten werden. Anm. d. Übers.

Vorwort

Diesem Buch liegt bis auf kleine Änderungen die Vanuxem-Vorlesung zugrunde, die ich im November 1959 an der Princeton Universität gehalten habe*. Die Vorlesungen waren für Universitätsangehörige mit einem allgemeinen Interesse an den Wissenschaften bestimmt. Ich versuchte, der Hörerschaft in großen Zügen die Erforschung der Struktur der Materie in den letzten sechzig Jahren zu schildern, indem ich in einfachen Begriffen die Ideen beschrieb, die mit der Entdeckung der Elementarteilchen verbunden waren. Es ist natürlich richtig, daß eine Idee, insbesondere eine wissenschaftliche Idee, nicht zu ihrer vollen Bedeutung gelangen kann, wenn sie nicht vor dem Hintergrund des Wissens dargestellt wird, dem sie ihre Entstehung und Entwicklung verdankt. Dennoch bleibt zu hoffen, daß eine geschichtliche Beschreibung wie dieses Buch etwas von der Geisteshaltung und der Atmosphäre darzustellen vermag, in der die Physiker an das Problem herangehen, auch wenn der Gegenstand selbst nicht angemessen diskutiert werden kann.

Ein Quellenverzeichnis der Illustrationen befindet sich am Ende des Buches. Das Bild der Reiter auf dem Schutzumschlag, das auch im Buch als Abb. 39 erscheint, stammt von Herrn M. C. Escher, dem ich für die freundliche Genehmigung des Abdrucks danke.

Ich möchte meiner Frau dafür danken, daß sie das Manuskript auf seine Verständlichkeit und Klarheit der Darstellung überprüft hat. Frau Elizabeth Gorman danke ich für die sachkundige Hilfe bei der gesamten Vorbereitung der Buchveröffentlichung. Gerne denke ich an die Hilfe von Herrn J. F. Wilson von der Princeton University Press bei der Herstellung der Abbildungen, insbesondere der Abb. 36, die auf seine Initiative zurückgeht.

Juni 1961 *Chen Ning Yang*

Abb. 1

An der Wende des Jahrhunderts stand die Welt der Physik offensichtlich vor dem Anbruch einer neuen Zeit. Es führten nicht nur die glänzenden Leistungen der klassischen Mechanik und der Faraday-Maxwellschen Theorie des Elektromagnetismus die Ära der klassischen makroskopischen Physik zu einem erfolgreichen Abschluß, es lagen auch schon überall neue Phänomene in der Luft, neue Rätsel, neue Anregungen und neue Erwartungen. Kathodenstrahlen, Photoelektrizität, Radioaktivität, Zeeman-Effekt, Röntgenstrahlen und das Rydberg-Gesetz der Spektrallinien waren die jüngsten Entdeckungen. Was die neue Ära bereit halten würde, war zu jener Zeit natürlich schwer vorauszusagen. Unter anderem gab es viele Diskussionen über eine mögliche atomare Struktur der Elektrizität. Wir müssen uns darüber im klaren sein, daß der Begriff des atomaren Aufbaus der Materie noch nicht zum gesicherten Bestand der wissenschaftlichen Erkenntnis gehörte, obwohl schon seit der Antike darüber diskutiert worden war, denn keine philosophische Diskussion kann ohne quantitative, experimentelle Bestätigung als wissenschaftliche Wahrheit akzeptiert werden. Zum Beispiel schrieb noch im Jahre 1897 Lord Kelvin, eine Autorität der Physik im letzten Teil des neunzehnten Jahrhunderts, daß die Idee, die Elektrizität sei eine „kontinuierliche, homogene Flüssigkeit“ (anstatt eine atomare Struktur zu haben) sorgfältige Erwägung verdiene[1].
Solche Erwägungen wurden unnötig, als im selben Jahr J. J. Thomson seine berühmten Experimente ausführte, mit denen er das Verhältnis e/m der Ladung zur Masse der Kathodenstrahlen bestimmte. Ich kann der Versuchung nicht widerstehen, Ihnen im ersten Bild (entnommen seinem Buch *„Recollections and Reflections“)* eine herrliche Büste des Mannes zu zeigen, der als erster die Tür zur Physik der Elementarteilchen aufstieß.
Thomsons Apparat ist in Abb. 2 dargestellt und in Abb. 3 schematisch skizziert. Man ließ die Kathodenstrahlen von

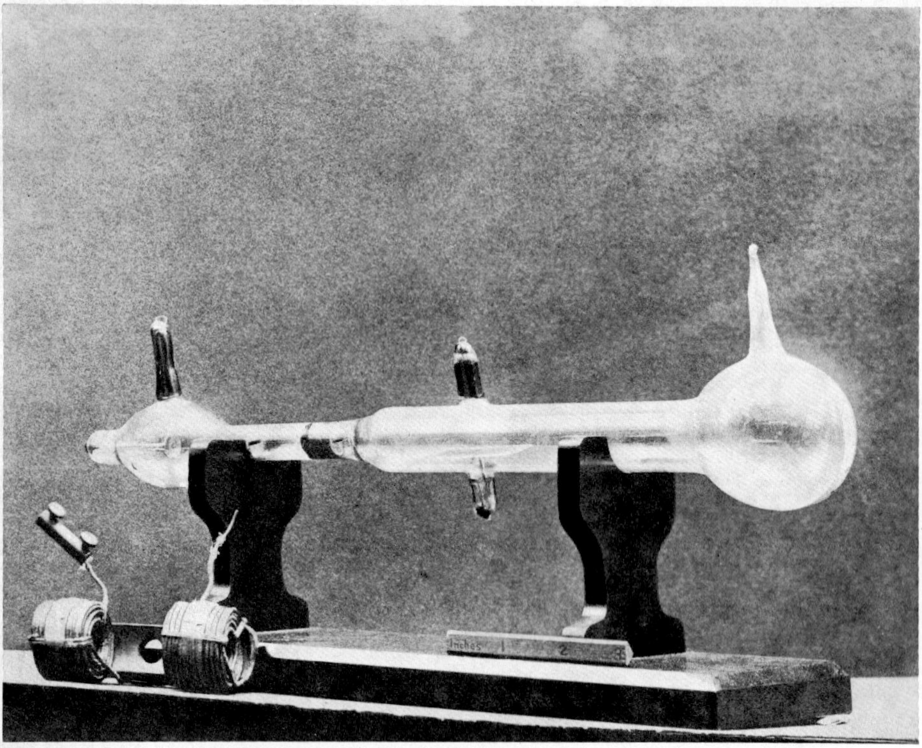

Abb. 2

der Kathode C durch die Spalte A und B laufen, die dazu dienten, einen feinen Strahl zu erzeugen. Der Strahl lief dann durch das Gebiet zwischen D und E und wurde auf dem mit einer Skala versehenen Schirm am rechten Ende der Röhre beobachtet. Wurden die Platten D und E elektrisch geladen, so erfolgte eine aufwärts oder abwärts gerichtete Ablenkung des Strahls.

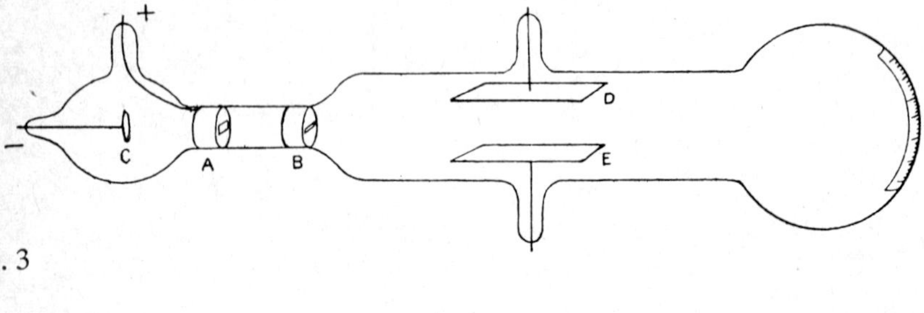

Abb. 3

Die Richtung der Ablenkung bewies, daß die von dem Strahl mitgeführte Ladung negativ war. Danach wurde mit den in Abb. 2 sichtbaren Spulen in dem Gebiet zwischen D und E ein Magnetfeld erzeugt, dessen Richtung senkrecht zur Zeichenebene lag. Es wurde beobachtet, daß das Magnetfeld ebenfalls eine aufwärts oder abwärts gerichtete Ablenkung des Strahls verursachte, die mit der Annahme einer negativen Ladung übereinstimmte. Die Geschwindigkeit des Strahls ließ sich berechnen, wenn man die von dem elektrischen und magnetischen Feld hervorgerufenen Ablenkungen einander gleich machte. Die von jedem der Felder allein bewirkte Ablenkung ergab dann eine Messung für e/m, das Verhältnis der Ladung zur Masse der Bestandteile des Strahls.

Man könnte fragen, warum dies Experiment, das so einfach erscheint, nicht auf der Hand lag. Thomson gab selbst eine Antwort darauf, als er später schrieb[2]:

„Bei meinem ersten Versuch, Kathodenstrahlen abzulenken, ließ ich sie zwischen zwei parallelen Metallplatten, die im Innern der Entladungsröhre befestigt waren, hindurchlaufen und erzeugte ein elektrisches Feld zwischen den Platten. Dies rief keine bleibende Ablenkung hervor."

Er erklärt dann, was er als Ursache der Schwierigkeit vermutet und fügt hinzu,

„Das Fehlen der Ablenkung ist demnach auf den Druck des Gases zurückzuführen – d. h. auf einen zu hohen Gasdruck – also mußte das Vakuum verbessert werden. Das war leichter gesagt als getan. In jenen Tagen steckte die Vakuumtechnik noch in den Kinderschuhen".

Tatsächlich hatte kein geringerer Physiker als H. Hertz, der Entdecker der elektromagnetischen Wellen, früher dasselbe Experiment durchgeführt[3] und war zu dem Fehlschluß gelangt, Kathodenstrahlen seien nicht geladen.

Diese Episode illustriert besonders deutlich die einfache Tatsache, daß technologische Verbesserungen mit dem Fortschritt der experimentellen Wissenschaften Hand in Hand gehen. Wir werden später weiteren Beispielen dieser grundlegenden Wahrheit begegnen.

Der Wert von e/m, den Thomson für die Kathodenstrahlen erhielt, war viel größer als die entsprechenden Werte, die für die Ionen bei der Elektrolyse bekannt waren; er übertraf diese Werte um einen Faktor von mehreren Tausend. Thomson schloß daraus, daß die Kathodenstrahlen aus negativ geladenen Teilchen bestünden, deren Masse sehr viel kleiner als die der Ionen sei. Er nannte sie „Korpuskel" und ihre Ladung, die eine Grundeinheit der elektrischen Ladung darstellte, das „Elektron". Im späteren Sprachgebrauch wurden jedoch die Teilchen selbst als Elektronen bezeichnet. So wurde das erste vom Menschen entdeckte Elementarteilchen geboren.

In anderen Experimenten zu jener Zeit bestimmten Thomson und seine Schüler annähernd den Wert der elektrischen Ladung $+e$, die von den Ionen mitgeführt wird. Thomson spekulierte dann über die Grundfrage nach der Struktur der Atome und schlug folgendes Bild vor: Ein Atom besteht aus einer Anzahl Z von Elektronen, von denen jedes die Ladung $-e$ trägt, die in Gleichgewichtslagen in eine kontinuierliche Verteilung von positiver Elektrizität mit dem Gesamtbetrag $+Ze$ eingebettet sind, so daß ein elektrisch neutrales Atom entsteht. Die Masse des Atoms ist der positiven Ladungsverteilung zuzuschreiben. Wird diese Anordnung gestört, dann werden die leichten Elektronen zu Schwingungen um ihre Gleichgewichtslage angeregt, wobei sie Strahlung aussenden. Abb. 4 zeigt eine Zeichnung Thomsons für den Fall dreier Elektronen, die seinen Silliman-Vorlesungen in Yale aus dem Jahre 1903 entnommen ist.

Thomson nahm eine konstante kugelförmige Verteilung der positiven Ladung an, berechnete daraus die Frequenzen der Elektronenschwingungen und identifizierte diese mit den beobachteten Frequenzen der optischen Spektren. Auf diese

Weise gelangte er zu dem bemerkenswert genauen Schluß, daß der Atomradius in der Größenordnung von 10^{-8} cm liege!

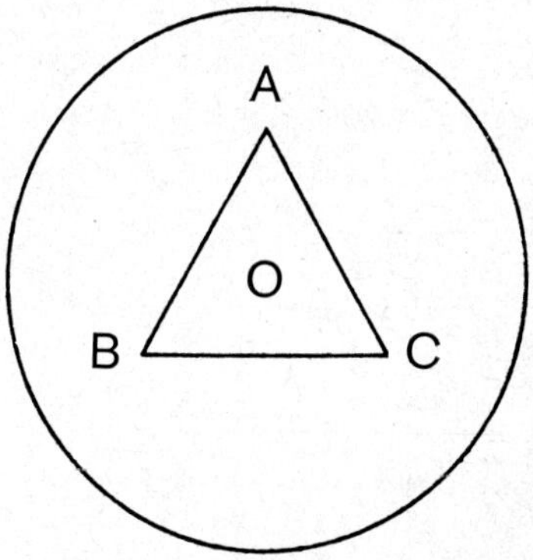

Abb. 4

Der nächste große Fortschritt entstand durch die Arbeiten von Lord Rutherford, der im Jahre 1911 den Durchgang von α-Teilchen durch dünne Materieschichten untersuchte. Die α-Teilchen waren in der natürlichen Radioaktivität entdeckt worden und im Jahre 1911 war wohlbekannt, daß diese Teilchen eine Ladung von $+2e$ sowie eine Masse haben, die viermal so groß wie die Masse des Wasserstoffatoms ist. Thomson hatte schon früher darauf hingewiesen, daß die Bahn eines solchen α-Teilchens durch sein Atom aus folgenden Gründen im wesentlichen eine Gerade sein müßte: 1.) Da das α-Teilchen im Vergleich zum Elektron eine sehr große Masse hat, kann es durch ein Elektron nicht abgelenkt werden. 2.) Der Einfluß der positiven Ladung des Atoms auf das α-Teilchen ist auch gering, weil sie so weiträumig verteilt ist. Ein Thomson-Atom kann daher ein α-Teilchen nicht um einen großen Winkel ablenken. Rutherford schloß daher, daß jede Großwinkelablenkung eines α-Teilchens in einer dünnen Schicht, die natürlich viele Atome enthält, nur als statistisch zufällige Addition vieler kleiner Ablenkungen in dieselbe Richtung zustande kommen könne. Wie bei solchen statistischen Erscheinungen

üblich, müßte a) die Ablenkung für große Winkel einer Gaußschen Fehlerfunktion folgen, b) der mittlere quadratische Ablenkungswinkel proportional zur Quadratwurzel aus der Zahl der Stöße sein, d. h. proportional zur Quadratwurzel aus der Schichtdicke. Rutherford betonte, daß keiner dieser Schlüsse mit den Experimenten übereinstimmte. Er schlug stattdessen vor, daß die positiven Ladungen des Atoms in einem sehr kleinen Gebiet konzentriert sein sollten. Tatsächlich konnte aus den Meßdaten geschlossen werden, daß der Durchmesser dieses Gebiets weniger als 10^{-12} cm betragen müßte. Dies wurde das berühmte Bild des Rutherford-Atoms, das aus einem kleinen Kern der Ladung $+ Ze$ und Z ihn umgebenden Elektronen besteht. Ein Jahr später wurde dieses Atommodell von Rutherfords Schülern Geiger und Marsden experimentell überzeugend bestätigt.
Auf Physiker und Chemiker hatte Rutherfords Entdeckung in jenen Tagen eine elektrisierende Wirkung. Thomson war zu jener Zeit im Cavendish Laboratorium in Cambridge, während Rutherford in Manchester arbeitete. Im Jahre 1930 sagte Niels Bohr in seiner Faraday-Vorlesung[4]:
„Für jeden, der wie ich das große Glück hatte, vor zwanzig Jahren die physikalischen Laboratorien in Cambridge und Manchester zu besuchen und unter der Inspiration der großen Forscher zu arbeiten, war es ein unvergeßliches Erlebnis, fast jeden Tag die Entschleierung eines Geheimnisses der Natur miterleben zu können. Ich erinnere mich, als ob es gestern wäre, der Begeisterung, mit der die Aussichten, die die Entdeckung des Atomkerns für die gesamte Physik und Chemie eröffnet hatte, im Frühling des Jahres 1912 unter den Schülern Rutherfords erörtert wurden. Vor allem erkannten wir, daß die Lokalisierung der positiven elektrischen Ladung des Atoms in einem Bereich mit praktisch verschwindender Ausdehnung eine große Vereinfachung in der *Klassifizierung der Eigenschaften der Materie* ermöglichen würde.

Tatsächlich erlaubte sie eine weitreichende Unterscheidung zwischen den atomaren Eigenschaften, die völlig durch die Gesamtladung und die Masse des Kerns bestimmt sind und jenen, die direkt von seinem inneren Aufbau abhängen. Die Radioaktivität, die nach aller Erfahrung unabhängig von den physikalischen und chemischen Bedingungen ist, ist typisch für die letztgenannte Gruppe von Eigenschaften. Andererseits sind die gewöhnlichen physikalischen und chemischen Eigenschaften der Materie in erster Linie von der gesamten Ladung und Masse des Atoms abhängig sowie auch von der Konfiguration der den Kern umgebenden Elektronen, die für die Reaktion des Atoms auf äußere Einflüsse verantwortlich ist. Ferner kann man erwarten, daß in einem isolierten Atom diese Elektronenkonfiguration fast völlig von der Ladung des Kerns und nur sehr wenig von seiner Masse abhängt, da diese im Vergleich zur Elektronenmasse so groß ist, daß die Kernbewegung in erster Näherung gegen die Elektronenbewegung vernachlässigt werden kann. Diese einfachen Schlüsse aus dem Atomkern-Modell erlauben tatsächlich sofort eine unmittelbare Erklärung der Tatsache, daß zwei Elemente mit verschiedenem Atomgewicht und ganz verschiedenen radioaktiven Eigenschaften im Bezug auf andere Eigenschaften so gleich sind, daß sie durch chemische Methoden nicht getrennt werden können".
Später sagte er in derselben Vorlesung:
„Fassen wir die Situation zusammen, so können wir sagen, daß das Rutherfordsche Atommodell mit seiner einheitlichen Darstellung aller gewöhnlichen Eigenschaften der Materie uns vor eine Aufgabe stellt, die an den alten Traum der Philosophen erinnert: Die Deutung der Naturgesetze auf die Betrachtung reiner Zahlen zurückzuführen".
In einer solchen Atmosphäre, erfüllt von der Erregung über neue Entdeckungen und der Hoffnung auf noch fundamentalere, umfassendere Ideen schlug Bohr seine berühmte Theorie des Wasserstoffatoms vor.

Die Arbeiten von Rutherford und Bohr ergaben das Bild der Elementarteilchen, das in Abb. 5 dargestellt ist. Die Abszisse ist die elektrische Ladung und die Ordinate zeigt schematisch, nicht maßstabsgetreu, die Masse der Teilchen. Das Proton p ist der Wasserstoffkern und das mit γ bezeichnete masselose Photon stellt das Quant der elektromagnetischen Strahlung dar.

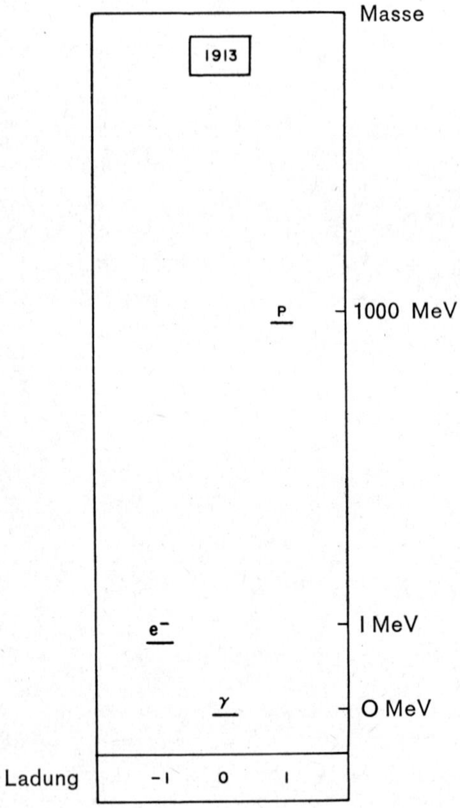

Abb. 5

Die Auftragung der Masse ist schematisch, nicht maßstäblich.

Das γ-Quant hatte seine eigene bemerkenswerte Geschichte. Bei seinen Untersuchungen zur Theorie der Strahlung des schwarzen Körpers hatte Max Planck eine empirische Formel gefunden, die mit den Experimenten übereinstimmte. Diese Formel stand jedoch im Widerspruch zu den klassischen Vorstellungen von der elektromagnetischen Strahlung. Um die Formel zu erklären, machte er im Jahre 1901 die kühne Annahme, daß die elektromagnetische Strahlung nur in bestimmten Einheiten, oder Quanten, emittiert oder absorbiert werden kann. Jedes dieser Quanten hat eine Energie $h\nu$, wobei ν die Frequenz der Strahlung ist und h eine von Planck eingeführte universelle Konstante, die später nach ihm benannt wurde. Dieses atomistische Konzept der Energieübertragung zwischen der Materie und dem Strahlungsfeld war so revolutionär, daß sie nur der Gründlichkeit und Beharrlichkeit entspringen konnte, die Plancks Arbeiten auszeichneten.

Dieses Konzept wurde im Jahre 1905 von Einstein weiterentwickelt und hatte einen starken Einfluß auf die Formulierung des Bohrschen Atommodells.

In den Jahren nach 1913 wurden gigantische Anstrengungen unternommen, um insbesondere mit Hilfe des Bohrschen Korrespondenzprinzips zu einem tieferen Verständnis der Quantenvorstellung zu gelangen und die chemischen Eigenschaften der Atome mit ihrer Quantenstruktur zu verbinden. Uns, die wir aufwuchsen, nachdem die Quantenmechanik endgültig, klar und vernünftig formuliert worden war, erscheinen die subtilen Probleme, die abenteuerliche Atmosphäre dieser Tage der Vor-Quantenmechanik, die gleichzeitig voller Hoffnung und Verzweiflung waren, geradezu furchterregend. Wir können uns kaum vorstellen, wie es war, als die Kunst darin bestand, mit offensichtlich inkonsequenten Überlegungen zu richtigen Ergebnissen zu gelangen.

Wie wir alle wissen, wurde der Höhepunkt in der Entwicklung der Quantenmechanik in den Jahren 1924–1927 erreicht. Die Geschichte dieser wenigen höchst dramatischen Jahre muß erst noch geschrieben werden. Lassen Sie mich hier nur aus der beredten Beschreibung von J. R. Oppenheimer in seiner Reith-Vorlesung aus dem Jahre 1953 zitieren, die als kleines Bändchen *„Science and the Common Understandig“*[5] veröffentlicht worden ist:

„Unser Verständnis der Atomphysik, d. h. der Quantentheorie der atomaren Systeme geht in seinen Anfängen zurück auf die Jahrhundertwende; es fand seine großartige Synthese in den zwanziger Jahren. Es war eine heroische Zeit. Es war nicht das Werk eines einzelnen Mannes; es umfaßte die Zusammenarbeit vieler Gruppen und von Wissenschaftlern aus vielen verschiedenen Ländern, wenn auch von Anfang bis Ende der zutiefst schöpferische und kritische Geist von Niels Bohr das ganze Unternehmen lenkte, zügelte und schließlich umgestaltete. Es war eine Zeit der geduldigen Arbeit im Laboratorium, entscheidender Experimente und gewagten Handelns, vieler falscher Anfänge und unhaltbarer Vermutungen. Es war eine Zeit ernster Korrespondenz und gehetzter Konferenzen, der Debatten, der Kritik und glänzender mathematischer Improvisation. Für die, die daran teilgenommen haben, war es die Zeit des Schöpferischen, es gab schreckliche Enttäuschungen ebenso wie die Begeisterung über neue Erkenntnisse. Diese Zeit wird wahrscheinlich nicht vollkommen als Geschichte aufgezeichnet werden. Sie würde einen Geschichtsschreiber großen Formats erfordern wie die Geschichte des Ödipus oder die Geschichte Cromwells, dennoch bliebe sie in ihrem Schaffensrausch so weit entfernt von unserer alltäglichen Erfahrung, daß wohl kein Dichter oder Historiker sie ganz erfassen könnte.“

Es ist unmöglich, hier eine Beschreibung der Grundlagen der Quantenmechanik zu geben, die auch nur annähernd angemessen wäre. Um die späteren Diskussionen zu verstehen, muß jedoch ein besonderer Aspekt der Quantenmechanik eingeführt werden.

Wir erinnern uns, daß Planck, Einstein und Bohr den Quantenbegriff des Strahlungsfeldes eingeführt hatten, das klassisch als Welle beschrieben worden war. Dieser Teilchenaspekt der Wellen fand seine Bestätigung durch die Experimente von R. A. Millikan über den photoelektrischen Effekt* aus dem Jahre 1916 sowie im Jahre 1926 durch A. H. Comptons Entdeckung, daß sich die Röntgenstrahlen, die ja elektromagnetische Wellen sind, beim Zusammenstoß mit Elektronen hinsichtlich der Energie- und Impulsübertragung genau wie Teilchen verhalten. Diese Teilchen, die die Röntgenstrahlen darstellen, werden Photonen genannt; sie wurden in Abb. 5 mit dem Zeichen γ eingetragen. Experimentell stellte man fest, daß das Produkt aus der Wellenlänge λ und dem Impuls p eines Photons gleich der Planckschen Konstanten h ist. Dann stellte im Jahre 1924 L. de Broglie die Frage, ob – wenn die Wellen Teilchencharakter haben – nicht die Teilchen auch Welleneigenschaften haben müßten? Er nahm an, den Teilchen müßten Welleneigenschaften zukommen und zwar sollte die den Teilchen zugeordnete Welle eine Wellenlänge haben, die gleich h dividiert durch den Impuls des Teilchens ist, also genau wie im Fall der Photonen. Diese außerordentlich kühne Annahme führte ihn zum folgenden Bild eines Elektrons auf seiner Bahn (Abb. 6). Er argumentierte, daß sich keine stehenden Wellen ausbilden können, wenn die Bahn keine ganze Zahl von Wellenlängen enthält, wie in der Zeichnung links. In der rechten Zeichnung bilden sich jedoch stehende Wellen aus und daher sollte diese Bahn erlaubt sein. Auf diese Weise gelangte de Broglie tatsächlich auf sehr anschauliche Weise zu den Quantenbedingungen, die Bohr im Jahre 1913 aufgestellt hatte. Die Übereinstimmung der beiden Betrachtungsweisen wurde im Jahre 1926 von E. Schrödinger untersucht und führte ihn zu der berühmten Schrödinger-Gleichung, die einen der Grundpfeiler der Quantenmechanik bildet.

* Anmerkungen des Übersetzers s. S. 67.

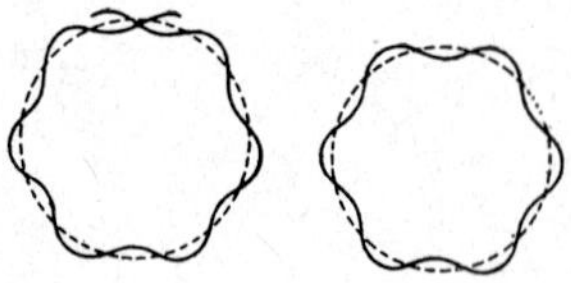

Abb. 6

Daher zeigt in der Quantenmechanik ein Teilchen Welleneigenschaften mit einer Wellenlänge, die umgekehrt proportional zu seinem Impuls ist. Will man eine Welle in einem Raumgebiet lokalisieren, dann muß man bekanntlich Wellenlängen verwenden, die kleiner sind als dieses Gebiet. Um immer kleinere Gebiete zu untersuchen, muß man also Teilchen mit immer höherem Impuls verwenden, damit die zugehörigen Wellenlängen kleiner als das zu untersuchende Gebiet sind. Diese Situation ist in der folgenden Tabelle illustriert, die zugleich erklärt, weshalb immer größere und stärkere Atomschleudern gebaut werden. Wir werden später auf diese Frage zurückkommen.

Tabelle 1

Abstand	Impuls × c*	
10^{-8} cm	0,002	Millionen Volt (atomare Erscheinungen)
10^{-12} cm	20	Millionen Volt (Kern-Eigenschaften)
10^{-14} cm	2 000	Millionen Volt (etwa heutige Grenze)
10^{-16} cm	200 000	Millionen Volt (Zukunft?)

Wir haben vorhin aus Niels Bohrs Faraday-Vorlesung aus dem Jahre 1930 zitiert. Er beschrieb die wichtige begriffliche Trennung der atomaren und molekularen Vorgänge von den Kern-Eigenschaften, die sich aus Rutherfords Atommodell ergab. Durch die Entwicklung der Quantenmechanik erreichte das Verständnis der atomaren und molekularen Vorgänge ein Niveau, das in seiner Genauigkeit, Vollständigkeit und inneren Geschlossenheit zweifellos zu den größten geistigen Triumphen aller Zeiten gehört. Ein gleichwertiges Verständnis des Atomkerns fehlte damals jedoch ebenso wie heute. In vieler Hinsicht glichen die Jahre um 1930 denen um 1900, die den Beginn des Atomzeitalters darstellten, während die erstgenannten die Ära der Kernphysik einleiteten.

Abb. 7

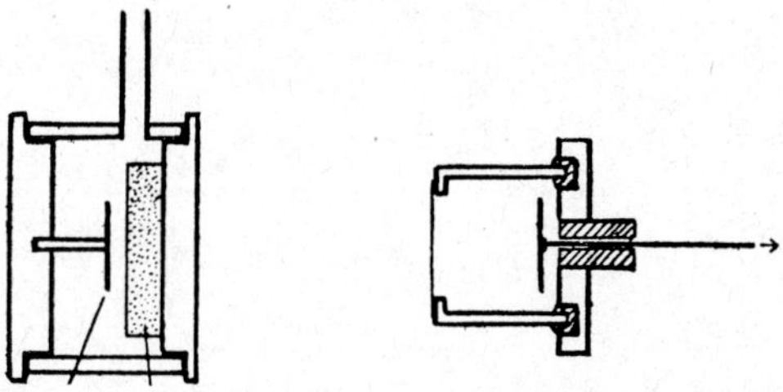

Das erste Elementarteilchen, das in dieser neuen Ära gefunden wurde, war das Neutron. Im Jahre 1932 hatten Curie-Joliot und Joliot entdeckt, daß in einer Anordnung nach Abb. 7 das Beryllium unter dem Beschuß der α-Teilchen aus der Polonium Quelle sehr durchdringende elektrisch neutrale Teilchen emittierte. Sie stellten fest, daß diese Teilchen aus einem wasserstoffhaltigen Material vor dem Zähler links Protonen herausschlagen konnten. Es war ganz natürlich anzunehmen, daß diese neutralen Teilchen Photonen waren. Wegen ihrer fehlenden Ruhemasse müßten die Photonen jedoch eine ganz ungeheure Energie besitzen, um die beobachteten Protonen herauszuschlagen. Tatsächlich hätten die Photonen eine Energie von mehr als 50 MeV gehabt haben müssen[6], was in jenen Tagen als eine äußerst hohe Energie galt. Sogleich nachdem diese Ergebnisse veröffentlicht worden waren, nahm J. Chadwick in Cambridge, England die Experimente auf und zeigte, daß die durchdringenden Teilchen nicht masselos waren, sondern annähernd die Masse des Protons hatten. Ein solches neutrales

Teilchen war tatsächlich schon im Jahre 1920 von Rutherford diskutiert und von ihm als Neutron bezeichnet worden. In den zwanziger Jahren waren viele Experimente unternommen worden, um es zu finden, jedoch waren alle diese Experimente ergebnislos geblieben.

Mit der Entdeckung des Neutrons war es sofort offenbar, daß die Atomkerne aus Neutronen und Protonen in fast gleicher Zahl bestehen. Genauere Messungen der Neutronenmasse zeigten, daß sie ein klein wenig größer als die des Protons ist. Daher wurde später geschlossen, das Neutron müsse instabil sein und nach Art der β-Radioaktivität, die

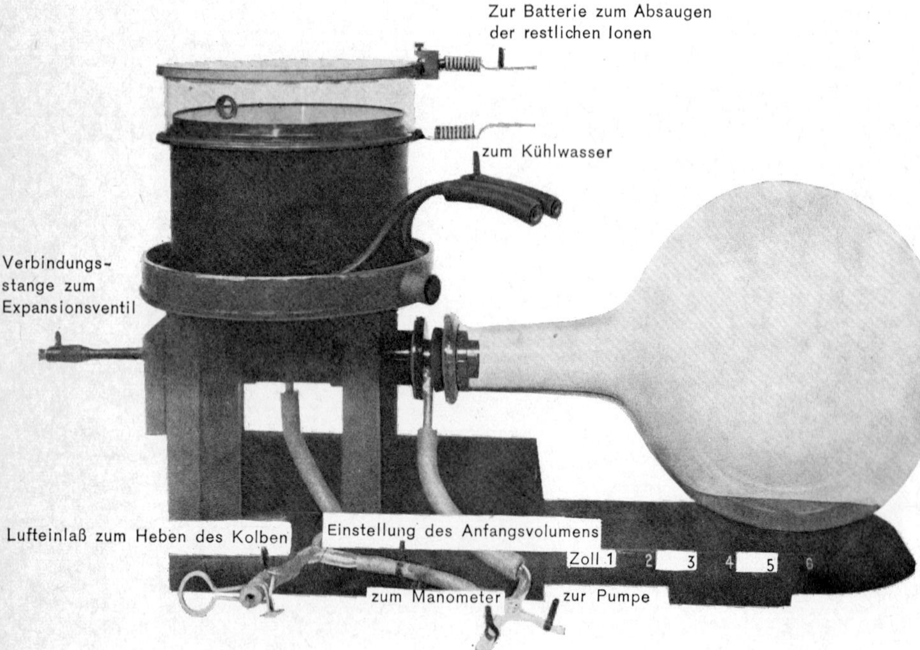

Abb. 8

man seit etwa 1900 kannte, in ein Elektron und ein Proton zerfallen. Andererseits zeigten die Experimente über den β-Zerfall ganz allgemein, daß eine weitere Art von Neutralteilchen erforderlich war, um nach dem Gesetz der Energieerhaltung die überschüssige Energie abzuführen.

Diese neue Teilchenart wurde von Enrico Fermi als Neutrino bezeichnet, so daß sich der Zerfall des Neutrons als

$$n \rightarrow p + e^{-} + \nu$$

verstehen ließ, wobei n und ν das Neutron und das Neutrino darstellen. In den Jahren 1932 – 1933 wurde ein weiteres neues Teilchen, das Positron, entdeckt. Diese Entdeckung wurde durch ein besonders sinnreiches Instrument, die Nebelkammer, ermöglicht, die von C. T. R. Wilson erfunden und vervollkommnet worden war. Wilson beschrieb die Entstehungsgeschichte der Nebelkammer folgendermaßen[7]: „Im September 1894 verbrachte ich einige Wochen in dem Observatorium, das sich damals auf dem Gipfel des Ben Nevis, dem höchsten schottischen Berge, befand. Die herrlichen optischen Erscheinungen, die entstanden, wenn die Sonne auf die die Bergspitze umgebenden Wolken schien und besonders die farbigen Ringe, die sich um die Sonne, die Schatten des Berges oder des Beobachters auf Nebel oder Wolken bildeten,* erregten in höchstem Maße mein Interesse und ließen in mir den Wunsch entstehen, sie im Laboratorium nachzubilden. Zu Beginn des Jahres 1895 machte ich zu diesem Zwecke einige Experimente – ich ließ nach der Methode von Coulier und Aitken durch die Ausdehnung feuchter Luft Wolken entstehen. Fast sofort fiel mir etwas auf, das noch viel interessanter zu sein versprach als die optischen Erscheinungen, die ich ursprünglich untersuchen wollte.“

Dieses „Etwas“ führte zur Nebelkammer, in der geladene Teilchen eine sichtbare Spur von Wassertröpfchen in feuchter Luft hinterlassen, wenn diese durch eine plötzliche Expansion übersättigt worden ist.

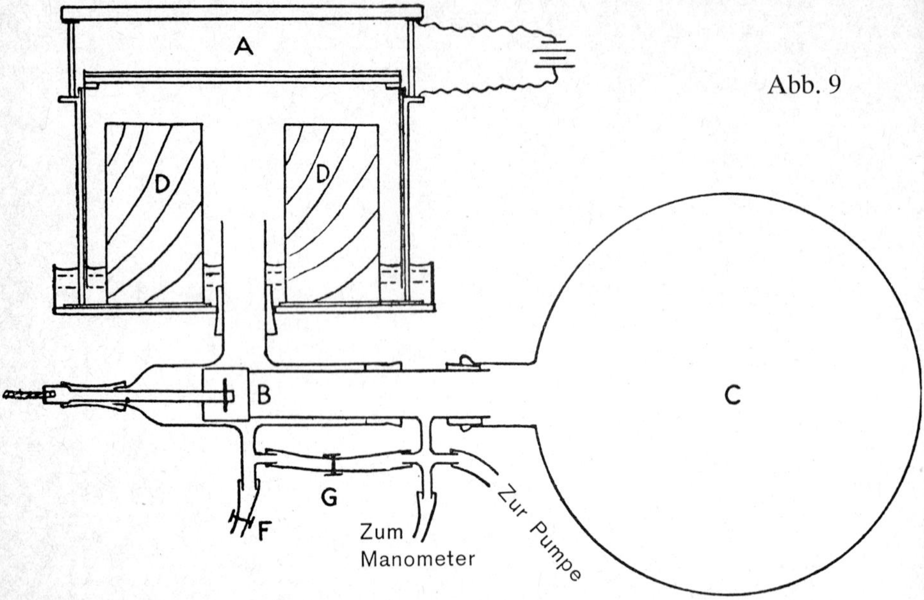

Abb. 9

Die Abbildungen 8 und 9 zeigen die Nebelkammer, mit der Wilson viele schöne Photographien gelangen.

Mit einer ähnlichen Nebelkammer konnte im Jahre 1932 C. D. Anderson am California Institute of Technology das in Abb. 10 dargestellte Bild aufnehmen.

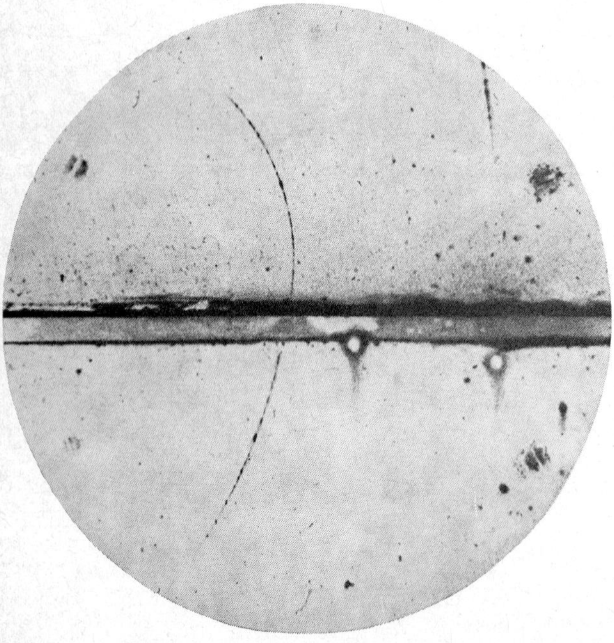

Abb. 10

Ein geladenes Teilchen trat von unten in die Nebelkammer ein und vollführte eine kreisförmige Bahn, weil in der Kammer ein starkes Magnetfeld herrschte. Es wurde beim Durchlaufen einer 6 Millimeter dicken Bleiplatte abgebremst und kam daher mit einer viel stärkeren Bahnkrümmung wieder heraus. Die Tatsache, daß der obere Teil der Bahn eine stärkere Krümmung aufweist als der untere, beweist, daß sich das Teilchen von unten nach oben bewegt hat. Da Anderson auf diese Weise die Bewegungsrichtung des Teilchens kannte, konnte er schließen, daß dessen Ladung positiv war. Ferner konnte er aus der Änderung der Bahnkrümmung nach dem Durchlaufen der Bleiplatte schlüssig beweisen, daß das Teilchen viel leichter als ein Proton war. Anderson schloß, daß das Teilchen die Masse des Elektrons habe und nannte es Positron.

Die Existenz des Positrons war tatsächlich schon während der Jahre 1930 – 1931 theoretisch vorausgesagt worden. Diese Voraussage basierte auf der bewundernswerten Theorie des Elektrons, die von P. A. M. Dirac aufgestellt worden war und zum sogenannten Prinzip der Invarianz unter Ladungskonjugation geführt hatte. Eine Folgerung aus diesem Prinzip war, daß es zu jedem Teilchen ein ladungskonjugiertes Teilchen oder Antiteilchen geben sollte, das dieselbe Masse und eine gleichgroße, aber entgegengesetzte Ladung besitzt. Das von Anderson entdeckte Positron war das Antiteilchen des Elektrons.

Auf diese Weise hatte im Jahre 1933 die Zahl der bekannten Elementarteilchen beträchtlich zugenommen, wie man aus Abb. 11 erkennt. Das e^- und das e^+ sind das Elektron und das Positron. Das Neutrino ν und das Antineutrino $\bar{\nu}$ sind ladungskonjugierte Teilchen voneinander. Im Lauf der allmählich zunehmenden Kenntnis der Teilcheneigenschaften wurden die Konventionen manchmal durch Zufall oder auch absichtlich geändert, und die heute akzeptierte Konvention für das Neutrino ist anders als die, die zuerst von Fermi

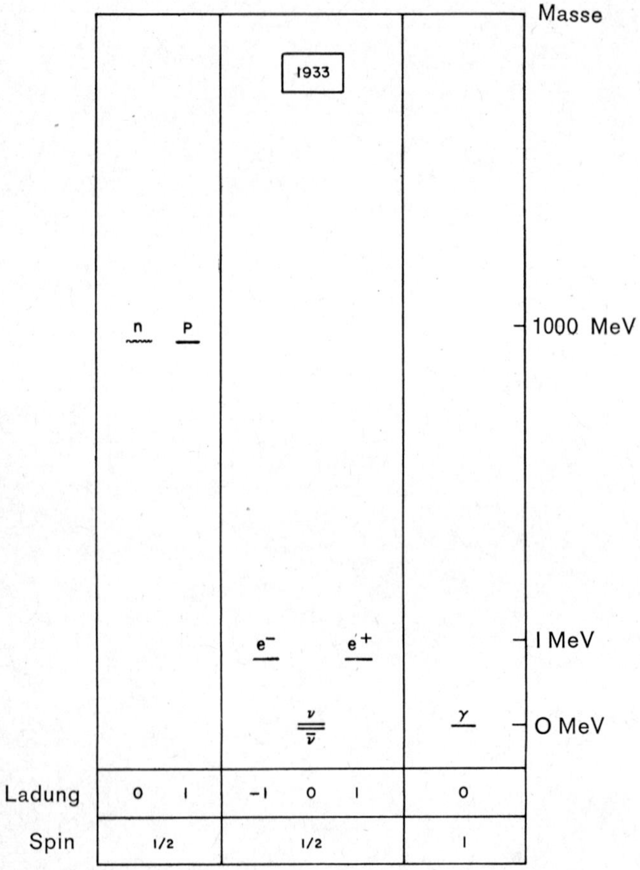

Die Auftragung der Masse ist schematisch, nicht maßstäblich.
Instabile Teilchen sind durch Wellenlinien gekennzeichnet.

Abb. 11

diskutiert wurde. Wir bezeichnen heute das Neutralteilchen, das beim Zerfall des Neutrons emittiert wird, als Antineutrino:

$$n \to p + e^- + \bar{\nu}.$$

Das Photon γ ist sein eigenes Antiteilchen. Unterhalb der Ladungen sind in der Abbildung die Eigendrehimpulse, die sogenannten Spins der Teilchen angegeben. Sie werden in Einheiten der Planckschen Konstanten dividiert durch 2 π gemessen. Aus den Grundlagen der Quantenmechanik ergibt sich unmittelbar die Voraussage, daß der in diesen Einheiten gemessene Drehimpuls ein ganzzahliges Vielfaches von 1/2 sein sollte; diese Voraussage steht in ausgezeichneter Übereinstimmung mit der Erfahrung.
Die Entdeckung des nächsten Elementarteilchens ist eine lange und verwickelte Geschichte. Sie begann im Jahre 1935 mit einem Vorschlag von H. Yukawa: Protonen und Neutronen sollten im Kern in ungefähr derselben Art zusammengehalten werden, in der der Kern und das Elektron im Atom durch die Vermittlung des elektromagnetischen Feldes gebunden sind. Yukawa wies darauf hin, daß wegen der geringen Größe des Kerns die Kernkräfte nur eine geringe Reichweite haben können, die daher – wie wir früher diskutiert haben – mit einem großen Impuls des Feldes verbunden ist. Nach den Grundlagen der speziellen Relativitätstheorie ist der mittlere Impuls des Feldes von der Größenordnung der Lichtgeschwindigkeit multipliziert mit der Masse des Quants, das dem Felde zugeordnet ist. Aus der Größe des Kerns schätzte Yukawa diese Masse auf ungefähr das zweihundertfache der Elektronenmasse. Er bemerkt dann[8]: „Da ein Quant mit einer so großen Masse noch in keinem Experiment gefunden worden ist, scheint diese Theorie nicht richtig zu sein". Yukawa wußte nicht, daß zu genau derselben Zeit C. D. Anderson und S. H. Neddermeyer umfassende Untersuchungen darüber durchführten, wie die geladenen Teilchen der kosmischen Strahlung die Materie durchdringen. Diese Arbeiten waren sehr schwierig, weil die in der kosmischen Strahlung beobachteten Erscheinungen für die Physiker völlig neu waren – die richtige Orientierung und der gedankliche Rahmen zur

Behandlung der Erscheinungen waren noch nicht gesichert. Als dann tatsächlich seltsame und unerwartete Dinge geschahen, war nicht klar, ob entweder neue Teilchen beziehungsweise neue Gesetze im Spiel waren oder ob sich in einem neuen Bereich der Untersuchungen die alten Teilchen und alten Gesetze mit einem neuen überraschenden Verhalten manifestierten.

Trotz dieser Schwierigkeiten arbeiteten Anderson und Neddermeyer unbeirrt weiter und kamen durch sehr sorgfältige Untersuchungen in den Jahren 1934, 1935 und 1936 zu dem Schluß, daß in der kosmischen Strahlung neue Arten positiver und negativer Teilchen existieren müßten. Die Masse dieser Teilchen lag zwischen der des Elektrons und der des Protons und man schloß natürlich, daß dies die von Yukawa vorausgesagten Teilchen waren, die die Kernkräfte übertragen sollten. Sie wurden zunächst Mesotronen, später Mesonen genannt. Diese Entdeckung erregte unter den Physikern großes Aufsehen, wie man aus dem folgenden Absatz eines Briefes von Niels Bohr an Millikan im Jahre 1938 erkennt:[9]

„Die Entdeckungsgeschichte dieser Teilchen ist wirklich höchst wunderbar, und die Vorsicht, der ich in den Diskussionen während der unvergeßlichen Tage im vorigen Frühling in Pasadena Ausdruck gab, entsprang nur dem Wissen um die weitreichenden Konsequenzen der Andersonschen Arbeiten, falls die neuen Teilchen wirklich überzeugend nachgewiesen werden könnten. Heute weiß ich nicht, was man mehr bewundern soll, Yukawas geniale Voraussicht oder die Hartnäckigkeit, mit der die Gruppe in Ihrem Institut den Anzeichen der neuen Effekte auf der Spur blieb."

Die Geburtswehen dieser neuen Teilchen waren jedoch noch nicht vorüber, denn verschiedene Messungen der Masse der Mesonen ergaben ganz verschiedene Resultate. Diese Situation wird durch Abb. 12 illustriert, in der die bis

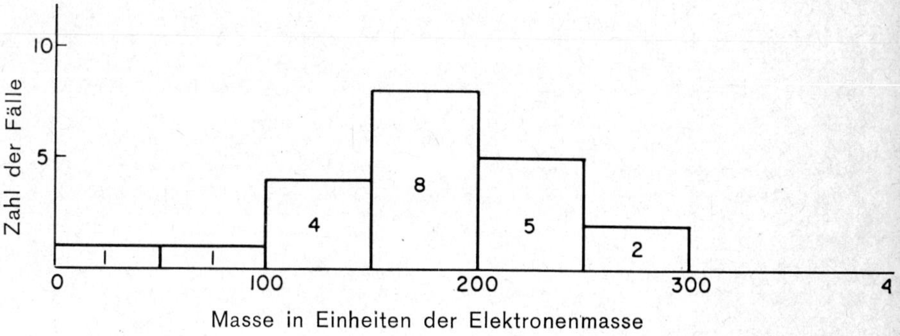

Abb. 12

1945 veröffentlichten experimentellen Werte der Mesonenmasse in Einheiten der Elektronenmasse m_e dargestellt sind. Der Mittelwert war 172 m_e, aber die Abweichungen von diesem Mittelwert waren groß. Umfangreiche Anstrengungen wurden unternommen, um genauere Messungen der Masse und eine bessere theoretische Analyse der Daten zu erhalten, aber die ersten definitiven Hinweise darauf, daß im Grunde etwas viel Komplizierteres vorlag, kamen durch die Arbeit von M. Conversi, E. Pancini und O. Piccioni in ihren Untersuchungen über die Wechselwirkung zwischen den Mesonen der kosmischen Strahlung und den Atomkernen. Ihr im Jahre 1947 veröffentlichtes Experiment zeigte, daß diese Wechselwirkung außerordentlich schwach ist. Daraufhin wurde von E. Fermi, E. Teller und V. F. Weißkopf deutlich ausgesprochen, daß irgendetwas ganz falsch sein mußte, denn diese Teilchen, die so wenig mit den Kernen in Wechselwirkung treten, konnten unmöglich dazu dienen, die sehr starken Kernkräfte zu übertragen. Tatsächlich zeigten sie, daß die Mesonen der kosmischen Strahlung nur als Vermittler von Kräften dienen können, die um mindestens einen Faktor 10^{13} schwächer als die Kernkräfte sind. Diese große Diskrepanz führte zu sehr interessanten theoretischen Spekulationen. Insbesondere schlugen S. Sakata und T. Inoue sowie H. A. Bethe und R. E. Marshak vor, daß die bis dahin in der kosmischen Strahlung beobachteten Mesonen *nicht* die Yukawa-Mesonen sein sollten. Diese sollten zwar auch in der kosmischen Strahlung vorhanden sein, aber nicht lange genug leben, um mit den damals vorhandenen Geräten nachgewiesen werden zu können. Die Lösung des Problems kam schließlich auf folgende Weise zustande.

Etwa um dieselbe Zeit hatten C. F. Powell und seine Gruppe in Bristol die Technik entwickelt, geladene Teilchen mit Hilfe von Photoplatten nachzuweisen.

In den Emulsionen der Photoplatten erzeugen die geladenen Teilchen längs ihres Weges Ionen, die nach der Entwicklung schwarze Körner hervortreten lassen. Diese Körner markieren die Bahnen oder Spuren der geladenen Teilchen durch die Emulsion. Powell und seine Mitarbeiter untersuchten die Spuren, die von den geladenen Teilchen der kosmischen Strahlung in der Photoplatte verursacht wurden. Abb. 13 zeigt einige dieser Spuren, die aus mikroskopischen Aufnahmen mosaikartig zusammengesetzt wurden. In jedem Fall beobachten wir zwei lange gekrümmte Spuren, die sich vom Untergrund der regellos verstreuten Körner deutlich abheben. Aus der Änderung der Korndichte längs der Spur und aus der Abweichung der Spur von einer Geraden auf Grund der Streuung des Teilchens in der Emulsion läßt sich viel Information über das Teilchen gewinnen. Beispielsweise ionisiert ein Teilchen stärker, wenn es langsamer wird und erzeugt dann dickere Körner längs seiner Spur. Daher läßt sich das linke Mosaikbild folgendermaßen deuten: Ein Teilchen trat links unten ein, wurde langsamer, kam an der rechten unteren Ecke zum Stillstand, zerfiel in einige neutrale Teilchen, die keine Spuren hinterließen und in ein geladenes Teilchen, das nach oben ging, seinerseits langsamer wurde und das abgebildete Gebiet verließ. Das andere Mosaikbild zeigt ein sehr

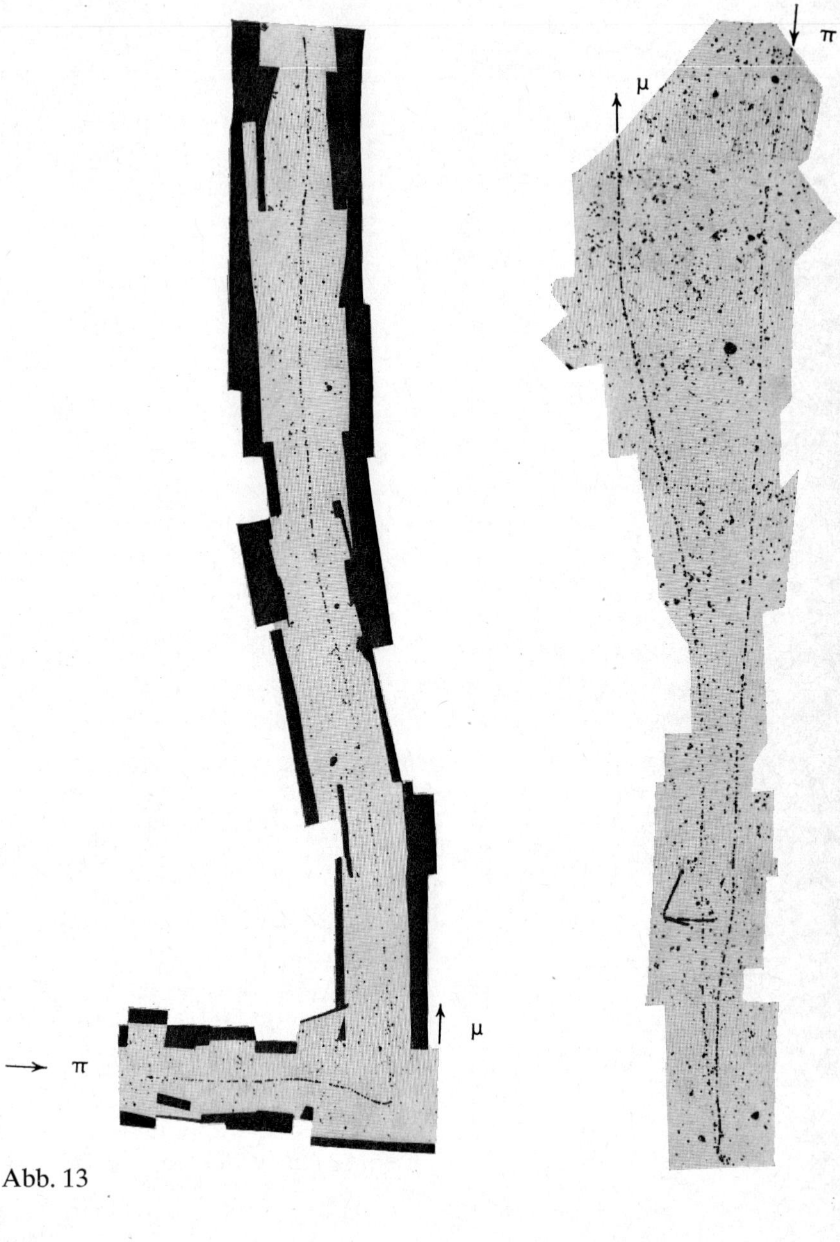

Abb. 13

ähnliches Beispiel. Dies waren die ersten der von Powells Gruppe veröffentlichten Aufnahmen, die zeigen, daß ein abgebremstes Meson eine zweite Mesonenspur hervorruft. Die primären und sekundären Mesonen wurden, wie in der Abbildung eingezeichnet, als π- und μ-Mesonen bezeichnet. Als später noch empfindlichere photographische Emulsionen zur Verfügung standen, stellte man fest, daß ein in der Emulsion zum Stillstand gekommenes μ-Meson eine weitere, ganz dünne Spur hervorruft, die als die Spur eines Elektrons identifiziert werden konnte (Abb. 14).
Der ganze Vorgang wurde so identifiziert als:

$$\pi^+ \rightarrow \mu^+ + \nu$$
$$\mu^+ \rightarrow e^+ + \nu + \bar{\nu}$$

Da die Neutrinos und Antineutrinos neutral sind, hinterlassen sie keine sichtbaren Spuren. Ihr Vorkommen in diesen Zerfällen wurde aus genauen Untersuchungen über die Energie- Impuls- und Drehimpulsbilanzen in diesen Zerfällen erschlossen. Aus diesen Bilanzen konnten auch die Massen der π- und μ-Mesonen ermittelt werden. Sie betragen das 273- bzw 207fache der Elektronenmasse. Die negativ geladenen π- und μ-Mesonen zerfallen auf die gleiche Weise.
Durch die Entdeckung dieser zwei Mesonenarten wurden die vorher erwähnten Schwierigkeiten beseitigt. Das π-Meson wird mit dem Yukawa-Meson identifiziert und dient als Vermittler der Kernkräfte, während seine Tochter, das μ-Meson, das von Conversi, Pancini und Piccioni entdeckte Meson der kosmischen Strahlung ist, das keine starke Wechselwirkung mit Atomkernen eingeht.
Diese schönen Arbeiten von Powells Gruppe, die gerade zur rechten Zeit die unerwartete Hierarchie der Mesonen erkennen ließen, sind eine weitere Illustration der vorher erwähnten Tatsache, daß Fortschritte unserer Kenntnis der Physik durch die Entwicklung und Verbesserung der experimentellen Techniken erleichtert und oft erst ermöglicht werden.

Auf diese Weise erhielten wir im Jahre 1947 das folgende

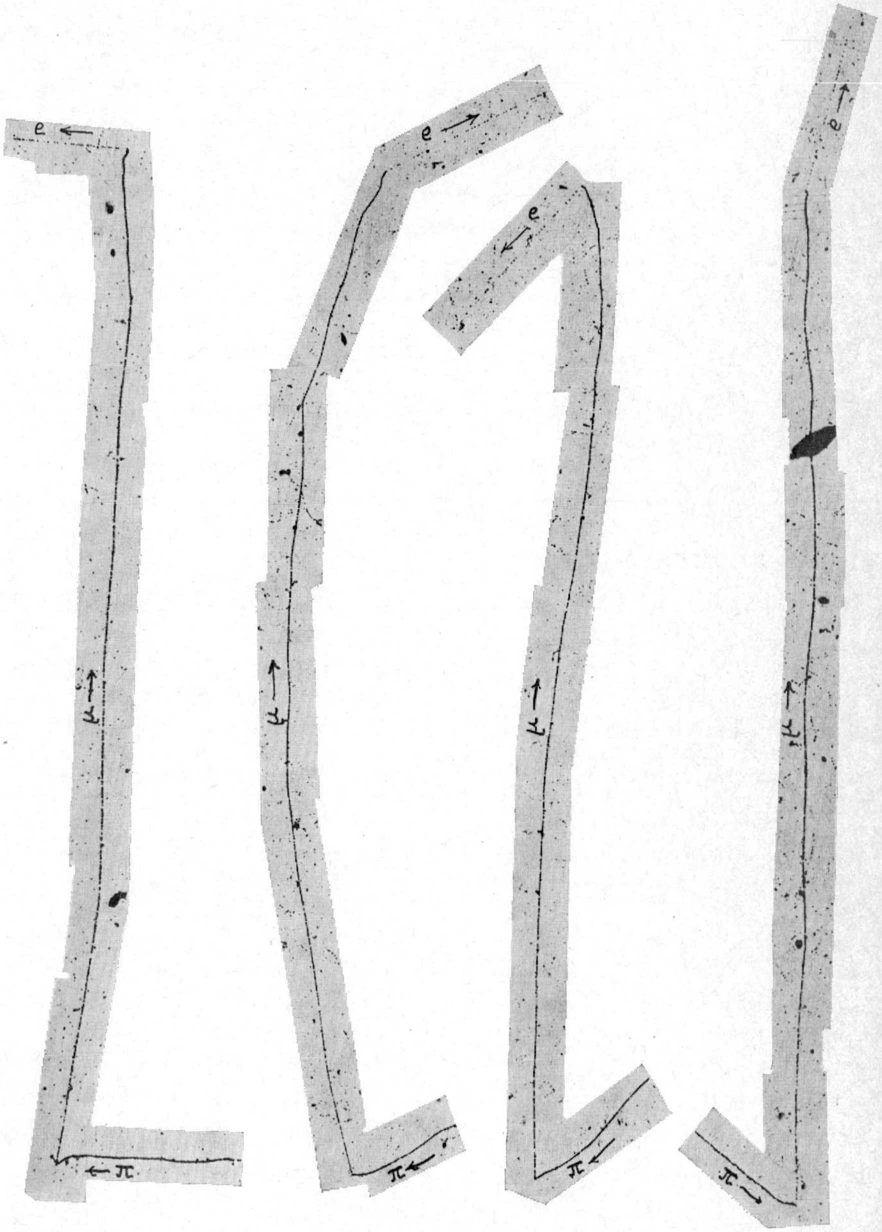

Abb. 14

Bild der Elementarteilchen (Abb. 15). Die neuen Eintragungen in diesem Diagramm sind die π^+, π^-, μ^+ und μ^--Mesonen. Wir zeichnen noch Kreise um die Teilchen, deren Existenz zwar schon theoretisch vorausgesagt worden war, deren experimenteller Nachweis aber erst später gelingen sollte. In diese Gruppe gehören das elektrisch neutrale π°-Meson, das Antiproton $\bar{p}$ und das Antineutron $\bar{n}$. Das Konzept der Ladungs-Konjugations-Symmetrie, das zu jener Zeit bereits akzeptiert worden war, ist durch vertikale gestrichelte Linien angedeutet. Innerhalb jeder der drei vertikalen Spalten stellen die Teilchen und ihre Antiteilchen Spiegelbilder in Bezug auf die gestrichelte Linie dar.

Das π° und der γ-Strahl sind ihre eigenen Antiteilchen. Sie werden bemerkt haben, daß wir hier am Fuße des Diagramms eine neue Reihe mit der Bezeichnung N einführen. Die Bedeutung dieser Zahl läßt sich folgendermaßen erklären: Die meisten Teilchen in diesem Diagramm haben das Bestreben, in leichtere Teilchen zu zerfallen. Beispielsweise sind die π-Mesonen instabil, die μ-Mesonen sind instabil, und die Neutronen n und ihre Antiteilchen $\bar{n}$ sind auch instabil. Ihre Zerfallsarten sind kürzlich diskutiert worden[10]. Andererseits folgt aus der Stabilität des Wasserstoffkerns ganz klar, daß das Proton p nicht zerfällt. Die instabilen Teilchen sind im Diagramm durch Wellenlinien angedeutet. Die stabilen Teilchen sind außer dem Proton p das Elektron e^-, das Positron e^+, das Neutrino ν, das Antineutrino $\bar{\nu}$ und das Photon γ. Nun, die Stabilität der letzten drei Teilchen kann man leicht verstehen: Masse ist bekanntlich gleichwertig zur Energie. Wegen der Erhaltung der Energie kann ein Teilchen nur in solche Teilchen zerfallen, die *leichter* sind als es selbst, wobei die Massendifferenz den Zerfallsprodukten als kinetische Energie mitgegeben wird. Das Neutrino ν, das Antineutrino $\bar{\nu}$ und das Photon γ haben keine Ruhemasse. Da es keine Teilchen gibt, die leichter sind als sie, kann es auch keine Teilchen geben, in die sie zerfallen könnten.

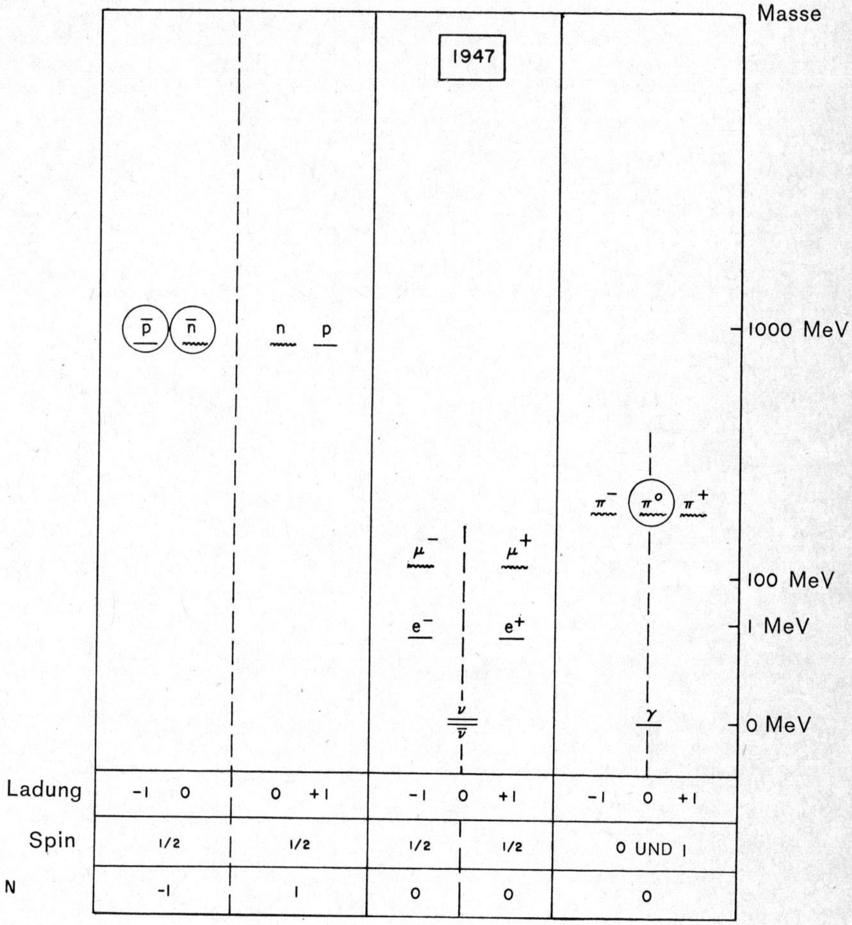

Abb. 15

(Die Auftragung der Masse ist schematisch, nicht maßstäblich). Instabile Teilchen sind durch Wellenlinien gekennzeichnet. Die zu jener Zeit theoretisch vorausgesagten aber noch nicht experimentell gefundenen Teilchen sind mit einem Kreis umgeben.

Es gibt auch einen einfachen Grund für die Stabilität der $e^{\pm}$. Sie sind die leichtesten geladenen Teilchen. Weil bei einem Zerfall die Ladung nicht vermehrt oder vermindert wird, sind sie mit ihrer Ladung behaftet und können daher nicht zerfallen. Also bleibt uns nur das ungeklärte Problem der Stabilität des Protons p und des Antiprotons $\bar{p}$. Warum zerfällt das Proton nicht beispielsweise in ein Positron und ein Photon:

$$p \rightarrow e^{+} + \gamma \text{ ?}$$

Eine Antwort auf diese Frage ist bis jetzt noch nicht gefunden worden. Um jedoch diese Stabilität phänomenologisch zu beschreiben, ordnen die Physiker jedem Teilchen in Analogie zur elektrischen Ladung eine Zahl N zu. Nach dieser Zuordnung ist der Gesamtwert von N eines Teilchenkollektivs die Gesamtzahl der Protonen p und Neutronen n minus der Gesamtzahl der $\bar{p}$ und $\bar{n}$. Man sagt dann, daß in einer Reaktion oder in einem Zerfall N ebenso erhalten bleibt wie die elektrische Ladung. Tatsächlich nennt man N die „Nukleonen Ladung".

Die Stabilität der p und $\bar{p}$ ist dann völlig gleichartig zur Stabilität der $e^{\pm}$: p und $\bar{p}$ sind die leichtesten Teilchen mit nicht-verschwindender Nukleonenladung. Sie sind mit ihrer Nukleonenladung behaftet und können daher nicht zerfallen.

Die Situation im Jahre 1947 (Abb. 15) stellte ein nicht zu kompliziertes Bild dar. Die Neutronen, Protonen, Elektronen und Photonen waren gewohnte Objekte. Die π-Mesonen hatten einen „Grund" für ihr Dasein als Vermittler der Kernkräfte. Berücksichtigt man noch die Konzeption der Antiteilchen, dann waren die einzigen Teilchen, mit denen man nicht gerechnet hatte, die μ-Mesonen und die Neutrinos.

Diese relativ einfache Lage war jedoch nicht von langer Dauer. Tatsächlich erhielten gerade im Jahre 1947 G. D. Rochester und C. C. Butler in Manchester aus einer großen

Zahl von Nebelkammer Aufnahmen der durchdringenden kosmischen Strahlung die beiden Aufnahmen, die schematisch in Abb. 16 dargestellt sind. Im linken Bild identifizierten sie die Spuren a und b als Spuren geladener Zerfallsprodukte eines neutralen Teilchens mit einer Masse von rund 1000 Elektronenmassen, die mit keiner Masse der bisher bekannten Teilchen übereinstimmte. Aus dem rechten Bild schlossen sie, daß die gebogene Spur den Zerfall eines geladenen Teilchens mit einer Masse von rund 1000 Elektronenmassen in ein neutrales und ein sekundäres geladenes Teilchen darstellte.

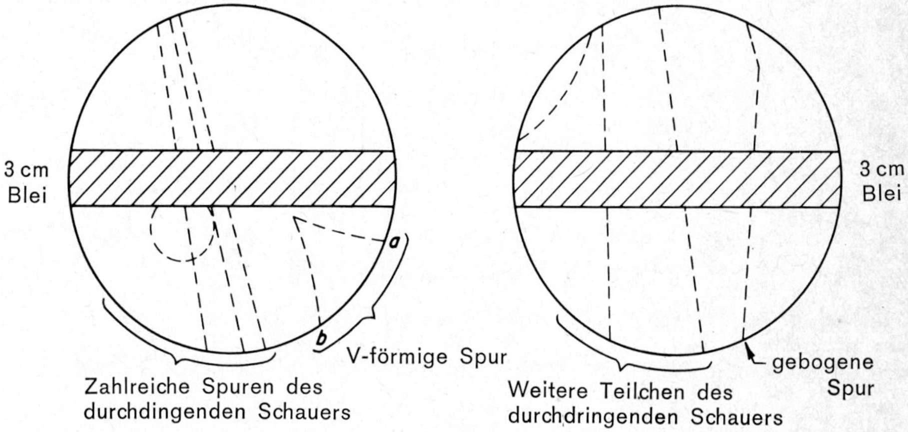

Abb. 16

Zwei Jahre später, im Jahre 1949, erhielten Powell und seine Mitarbeiter mit Hilfe der neuen photographischen Emulsionen das folgende Bild eines Teilchens der kosmischen Strahlung (Abb. 17). Sie identifizierten darauf ein Teilchen *k*, das im Punkt A zur Ruhe kommt und in drei π-Mesonen, Aa, Ab und AB zerfällt. Das letzte von diesen verursacht in B einen Kernzerfall. Sowohl das Zerfallsschema als auch die Masse des primären Teilchens *k* paßte zu keinem der damals bekannte Teilchen. Powell und seine

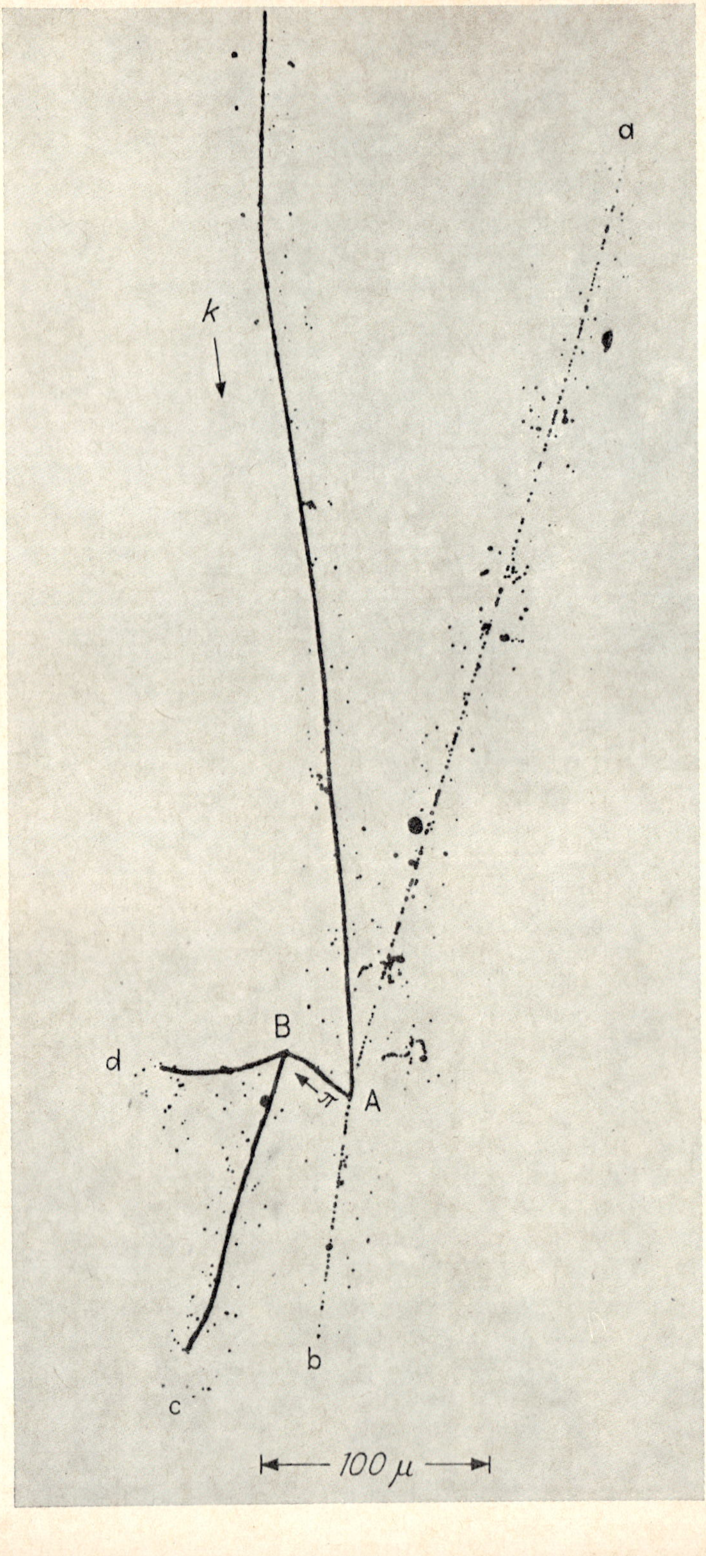

Abb. 17

Gruppe nannten das neu entdeckte Teilchen ein τ-Meson. Diese drei Bilder gaben uns einen ersten Einblick in das völlig unerwartete und komplizierte Gebiet vieler neuer Teilchen. Da sie unerwartet waren, gab man ihnen die gemeinsame Bezeichnung „seltsame Teilchen" (strange particles). Sie entstehen in Stößen, in denen Energien von mehr als einer Milliarde Elektronenvolt auftreten. In den Jahren 1948–1953 waren die kosmischen Strahlen die einzig verfügbare Quelle so hoher Energien. Also wurden viele Untersuchungen unternommen, um die Existenz der seltsamen neuen Teilchen in den kosmischen Strahlen zu studieren. Die kosmischen Strahlen sind aber keine kontrollierbare Quelle für Hochenergieteilchen, und in Instrumenten vernünftiger Größe traten hochenergetische Teilchen der kosmischen Strahlung sehr selten auf. Glücklicherweise wurde es dank der schnellen technologischen Entwicklung zu jener Zeit möglich, Maschinen im Milliarden Elektronenvolt Bereich zu bauen. Als die erste derartige Maschine, das Kosmotron, im Jahre 1953 beim Brookhaven National Laboratory in Long Island in Betrieb genommen wurde, war es möglich geworden, seltsame Teilchen planmäßig im Laboratorium herzustellen.

Die Zahl der Teilchen, die in den kosmischen Strahlen bzw. den Maschinen-Experimenten identifiziert, benannt und untersucht werden konnten, beläuft sich jetzt zusammen mit den vorher bekannten auf dreißig. Sie sind in Abb. 18 dargestellt.

Es gibt drei große Familien von Teilchen; Baryonen und Antibaryonen bilden die erste Familie, Leptonen und Antileptonen die zweite und Bosonen die dritte. Innerhalb jeder Familie nehmen Teilchen und Antiteilchen spiegelbildliche Plätze in Bezug auf die gestrichelte Linie ein. Die Ordinate ist die Masse der Teilchen, der Anfangspunkt liegt bei den ν, $\bar{\nu}$ und γ mit der Masse Null. Die Abszisse innerhalb jedes Blocks ist die elektrische Ladung des Teilchens. Die in einem

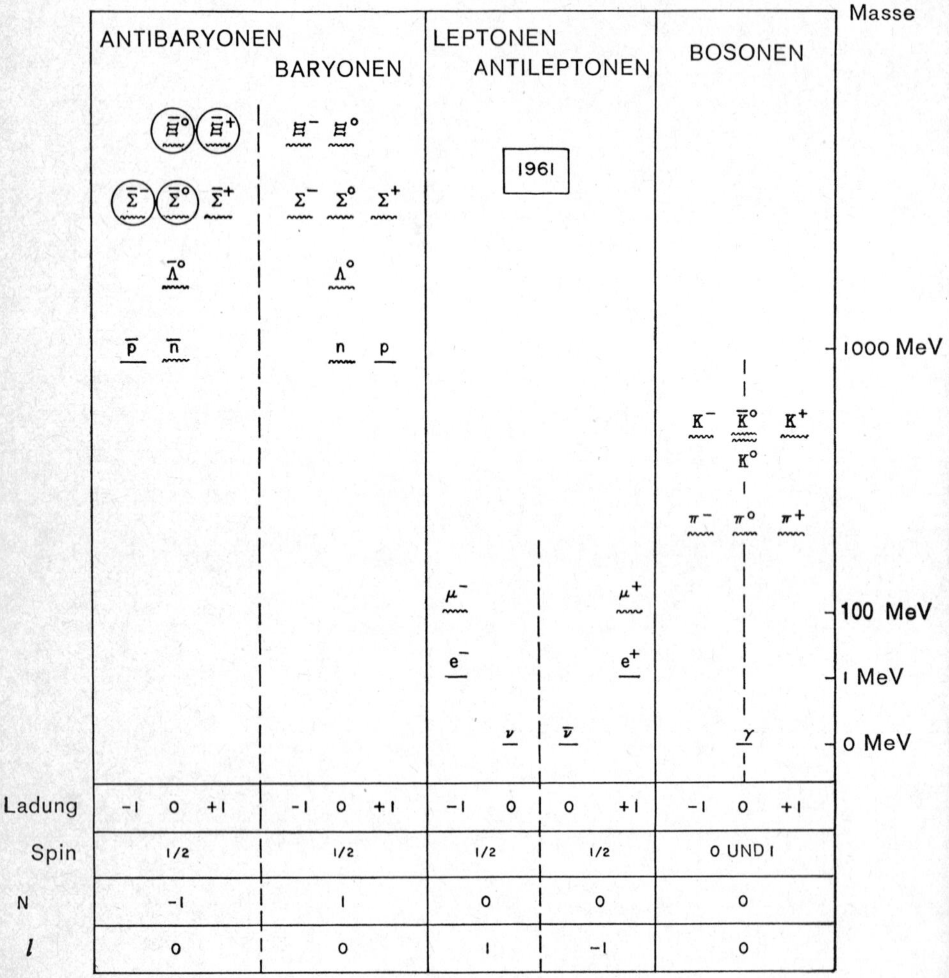

Abb. 18

(Die Auftragung der Masse ist schematisch, nicht maßstäblich). Instabile Teilchen sind durch Wellenlinien gekennzeichnet. Die zu jener Zeit theoretisch vorausgesagten aber noch nicht experimentell gefundenen Teilchen sind mit einem Kreis umgeben.

Kreis eingezeichneten Teilchen sind die theoretisch vorausgesagten, aber experimentell noch nicht gefundenen Teilchen.

In diesem Diagramm ist eine neue Reihe mit der Bezeichnung l eingeführt worden. Sie stellt eine Konzeption dar, die in den letzten zehn Jahren entwickelt worden ist und wird als Leptonen Zahl bezeichnet. In einer Reaktion oder einem Zerfall bleibt der Gesamtwert von l ebenso erhalten wie die gesamte elektrische Ladung und die gesamte Nukleonenladung N. Als Beispiel für die Erhaltung von l betrachten wir den Zerfall des Neutrons, in dem vor und nach dem Zerfall $l = 0$ ist.

$$n \to p + e^- + \bar{\nu}$$

Als besonders eindrucksvolles Beispiel betrachten wir das Bild einer mit Wasserstoff gefüllten Blasenkammer, durch die Antiprotonen $\bar{p}$ von unten nach oben laufen (Abb. 19). Das Prinzip der Blasenkammer wird später diskutiert werden. Vorerst genügt es, darauf hinzuweisen, daß sie einer Nebelkammer sehr ähnlich ist. Die Deutung des Bildes beruht auf der Messung der Bahnkrümmung, die eine quantitative Prüfung der Energie- und Impulsbilanz ermöglicht. Die Interpretation ist in der rechten oberen Ecke eingezeichnet. Darin sehen wir die folgenden Ereignisse:

bei A $\bar{p} + p \to \Lambda^0 + \overline{\Lambda^0}$ (Zusammenstoß des $\bar{p}$ mit einem Wasserstoffkern in der Kammer)

bei B $\Lambda^0 \to \pi^- + p$ (Zerfall)

bei C $\overline{\Lambda^0} \to \pi^+ + \bar{p}$ (Zerfall)

bei D $\bar{p} + p \to \pi^+ + \pi^+ + \pi^- + \pi^-$
(Zusammenstoß des $\bar{p}$ vom $\overline{\Lambda^0}$-Zerfall mit einem Wasserstoffkern in der Kammer)

Man kann leicht im einzelnen prüfen, daß in jedem dieser Zerfälle und Reaktionen die gesamte Nukleonenladung N, die gesamte Leptonenzahl l und die gesamte elektrische Ladung jeweils einzeln erhalten sind.

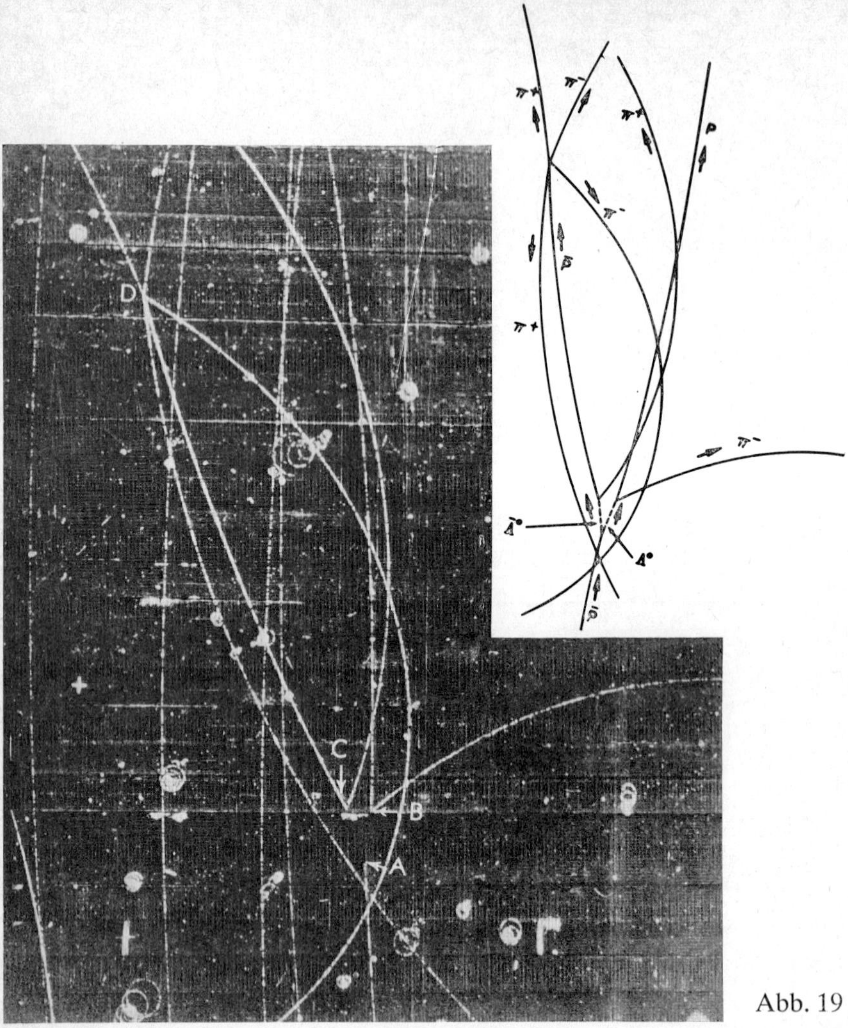

Abb. 19

Man sollte noch ein Wort über die Namen der Elementarteilchen sagen. Gewöhnlich wurde ein Teilchen zunächst unter schwierigen Bedingungen gefunden, und man hatte nur spärliche Information darüber. Man gab den Teilchen Namen, um sie zu kennzeichnen, aber es kam häufig vor, daß Teilchen, die sich später als unterschiedlich erwiesen, denselben Namen trugen. Es kam auch vor, daß ein Teilchen verschiedene Namen erhielt, weil es in verschiedenen Experimenten in unterschiedlicher Form auftrat. Es war allein eine gewaltige Arbeit, diese Teilchen aufzuspüren, ihnen Namen zu geben und sie sozusagen zu katalogisieren. Die Bezeichnungen in Abb. 18 sind die heute akzeptierten Namen. Das τ-Meson, das von Powell und seiner Gruppe im Jahre 1949 entdeckt wurde, wird heute als K-Meson bezeichnet. Auf diesen besonderen Punkt werden wir in der nächsten Vorlesung zurückkommen.

Die Namen π-Meson und μ-Meson werden oft zu Pion und Müon zusammengezogen. In jüngster Zeit findet man auch die Kurzbezeichnung Kaon für das K-Meson. Man schaudert bei dem Gedanken, eines Tages von Lambdaonen und Sigmaonen zu lesen.

Bevor wir die komplizierten Probleme und Rätsel, die Hoffnungen und Enttäuschungen im Zusammenhang mit dem Studium dieser Teilchen in den letzten zwölf Jahren schildern, ist vielleicht eine kurze Diskussion der experimentellen Möglichkeiten und Geräte angebracht:

Zunächst zur Erzeugung von Teilchen mit Hochenergiemaschinen. Die Entwicklung dieser Maschinen begann in denselben Jahren (1932–1933), in denen das Interesse an der Kernphysik wach wurde. Es ist wirklich erstaunlich, daß in diesen zwei Jahren der erste Van de Graaff-Beschleuniger, der erste Cockroft-Walton-Beschleuniger und das erste Zyklotron Gestalt annahmen. Dies waren ausgeklügelte, wenn auch bescheidene Anlagen, um Teilchen auf einige Millionen Volt zu beschleunigen. Sie bahnten den Weg für die Konstruktionsgrundlagen der heutigen Riesenmaschinen.

Es wurde schon darauf hingewiesen, daß Hochenergiemaschinen erforderlich sind, um kleine Abstände zu untersuchen. Daher kann man fragen, warum eine Hochenergiemaschine selbst so groß sein muß. Die Antwort ist einfach: Um ein Teilchen auf immer höhere Energien zu beschleunigen, muß man es während immer längerer Zeit „antreiben“.

Während dieser längeren Zeiten durchfliegt das Teilchen längere Strecken. Wenn man versucht, die großen Entfernungen dadurch auf einen engen Raum zu begrenzen, daß man die Teilchen während ihrer Beschleunigung auf eine „Rennbahn“ zwingt, dann muß die Rennbahn groß sein, denn es ist schwierig, die Bahn eines Hochenergieteilchens zu krümmen. Außerdem nimmt mit steigender Energie die Steifigkeit der Bahn zu, so daß man immer größere Maschinen braucht, um immer kleinere Abstände zu untersuchen. Abb. 20 zeigt einen Blick auf das Kosmotron des Brookhaven National Laboratory, das Teilchen auf 3 Milliarden Elektronenvolt beschleunigen kann.

Abb. 20 Aus dem horizontalen zylindrischen Van de Graaff-Beschleuniger im mittleren Teil des Bildes hinter der Maschine werden Protonen in die ringförmige Maschine eingeschossen. Sie bleiben ungefähr eine Sekunde auf ihrer Rennbahn in der Maschine, wobei sie periodisch vorwärtsgestoßen und so auf drei Milliarden Volt beschleunigt werden.

Danach läßt man sie in der Maschine auf ein Target prallen.* Die Produkte dieser Stöße läßt man entweder auf weitere Targets prallen oder man untersucht sie direkt mit verschiedenen Arten von Detektoren.
Abb. 21 ist eine Luftaufnahme der 30 Milliarden Volt Maschine, die auch zum Brookhaven Laboratorium gehört. Das vor einigen Jahren aufgenommene Bild zeigt die Ausschachtung für die große Rennbahn mit der Injektions Station (unten im Bild) und den Experimentier Hallen (oben). Die Maschine wurde im Sommer 1960 fertiggestellt. Ein halbes Jahr früher wurde eine fast identische Maschine in Genf in Betrieb genommen. Zur Zeit arbeiten noch drei weitere im Milliarden-Volt Bereich: Das Bevatron mit 6 Milliarden Volt in Berkeley, die Dubna Maschine mit 10 Milliarden Volt in der Nähe von Moskau und die Saclay Maschine mit 3 Milliarden Volt in der Nähe von Paris. Hier in Princeton ist eine Maschine mit ungefähr 3 Milliarden und hoher Intensität im Bau und soll in ein oder zwei Jahren fertig sein.

Abb. 21

Da diese Maschinen immer größer und immer kostspieliger werden, fragt man sich, wo eine Grenze sein könnte. Abb. 22 zeigt die Energien, die im Lauf der Vergangenheit erreicht wurden. Wie man diese Entwicklung in die Zukunft extrapolieren soll, weiß noch niemand von uns.
Betrachten wir als nächstes die Detektoren, also die Instrumente, mit denen die von den Hochenergieteilchen erzeugten Vorgänge nachgewiesen und analysiert werden.
In Tabelle 2 sind die drei Grundtypen der verwendeten Detektoren zusammengestellt. Bilder, die mit photographischen Platten und Nebelkammern aufgenommen wurden, haben wir schon gesehen. Das Bild des Antiprotons und des Antilambda (Abb. 19) wurde mit einer Blasenkammer aufgenommen. Das Instrument, mit dem Chadwick das Neutron entdeckte (Abb. 7), enthielt einen Zähler, der zur ersten Gruppe der Detektoren gehört.

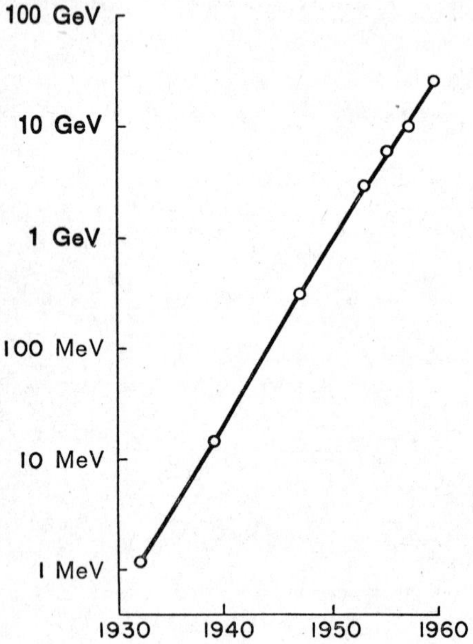

Abb. 22

Die höchsten in Maschinen erreichten Energien (1 MeV = 1 Million Elektronenvolt, 1 GeV = 1 Milliarde Elektronenvolt)

Tabelle 2

Drei Arten von Detektoren für geladene Teilchen

I	Ionisationskammer, Geiger-Zähler, Szintillationszähler, Cerenkovzähler usw.
II	Nebelkammer, Diffusionskammer, Blasenkammer
III	Photographische Emulsionen

Es gibt einen ständigen Fortschritt in der Entwicklung neuer Detektoren. Durch diese Fortschritte werden, wie wir schon früher betont haben, neue Entdeckungen und Einsichten auf dem Gebiet der Elementarteilchen angeregt und ermöglicht.

Leider haben heute die Detektoren ebenso wie die Beschleuniger die Tendenz, immer größer und teurer zu werden. Abb. 23

Zum Beispiel zeigt Abb. 23 den Kontrollraum einer großen Blasenkammer in Berkeley. Ein Vergleich dieses Bildes mit z. B. dem einfachen Detektor von Chadwick (Abb. 7) erfüllt uns mit einem Gefühl von Bewunderung für den technischen Fortschritt gemischt mit Skepsis wegen der in Zukunft schnell wachsenden Kompliziertheit und Größe der Anlagen.

Große Beschleuniger und große Detektoren erfordern natürlich die Zusammenarbeit vieler Forscher. Folglich gibt es jetzt wissenschaftliche Arbeiten, die die Namen zahlreicher Autoren tragen (Abb. 24).

On the Masses and Modes of Decay of Heavy Mesons Produced by Cosmic Radiation.

(G-Stack Collaboration)

J. H. Davies, D. Evans, P. E. Francois, M. W. Friedlander, R. Hillier, P. Iredale, D. Keefe, M. G. K. Menon, D. H. Perkins and C. F. Powell.

H. H. Wills Physical Laboratory - Bristol (Br)

J. Bøggild, N. Brene, P. H. Fowler, J. Hooper, W. C. G. Ortel and M. Scharff

Institut för Teoretisk Fysik - København (Ko)

L. Crane, R. H. W. Johnston and C. O'Ceallaigh

Institute for Advanced Studies - Dublin (DuAS)

F. Anderson, G. Lawlor and T. E. Nevin

University College - Dublin (DuUC)

G. Alvial, A. Bonetti, M. di Corato, C. Dilworth, R. Levi Setti, A. Milone (+), G. Occhialini (*), L. Scarsi and G. Tomasini (+)

(+) *Istituto di Fisica dell'Università - Genova*
Istituto di Scienze Fisiche dell'Università - Milano (GeMi)
Istituto Nazionale di Fisica Nucleare - Sezione di Milano
(*) *and of Laboratoire de Physique Nucléaire - Université Libre - Bruxelles*

M. Ceccarelli, M. Grilli, M. Merlin, G. Salandin and B. Sechi

Istituto di Fisica dell'Università - Padova
Istituto Nazionale di Fisica Nucleare - Sezione di Padova (Pd)

(ricevuto il 2 Ottobre 1955)

Abb. 24

Die notwendige Tendenz zur Großforschung ist bedauerlich, weil sie die freie und individuelle Initiative behindert. Sie macht die Forschung weniger persönlich, weniger schöpferisch und schwerer kontrollierbar. Man muß sie jedoch als eine von der Wirklichkeit erzwungene Tatsache akzeptieren. Wir wollen uns jedoch dadurch ermutigen lassen, daß die Maschinen, die Detektoren und auch die Experimente im Grunde immer noch auf Ideen zurückgehen, die dieselbe Einfachheit, dieselbe persönliche Beziehung und Überschaubarkeit haben, die die Forschung zu jeder Zeit so aufregend und schöpferisch gemacht haben.

Eine gute Illustration dieser Feststellung ist die Blasenkammer selbst, die heute eine Mammutgröße angenommen hat, von der man sich angesichts der Kompliziertheit des Kontrollraums in Abb. 23 eine schwache Vorstellung machen kann. Das Prinzip der Blasenkammer ähnelt dem der Wilsonschen Nebelkammer. Eine Flüssigkeit wird überhitzt, so daß sie bereit zum Kochen ist. Blasen bilden sich dort, wo entlang des Weges geladener Teilchen die Ionisierung stattfindet. Abb. 25 zeigt die Original-Kammer, mit der D. A. Glaser zuerst die Spur eines μ-Mesons aus der kosmischen Strahlung als Kette von Blasen photographierte. Es wird erzählt, daß Glaser auf die Idee der Blasenkammer kam, als er beobachtete, wie die Blasen von den rauhen Punkten an der Wand einer Bierflasche aufstiegen. Auch wenn sich diese Geschichte als unwahr herausstellen sollte, illustriert sie unsere Betrachtung ebenso gut.

Die Forschungen der verschiedenen Laboratorien haben interessante Informationen über die Elementarteilchen ergeben. Wir versuchen jetzt, einige davon zu beschreiben. Wenn man mit Problemen ringt, die nicht innerhalb des bekannten Erfahrungsbereiches liegen, ist es oft schon schwierig, die Fragestellung richtig zu definieren. Um Spitzenleistungen zu vollbringen, sind natürlich Erfindungsgabe und technisches Können erforderlich. Aber noch wichtiger ist es, vor allem ein selbständiges Urteilsvermögen zu haben, das nur aus gesicherter Kenntnis des alten Wissens und kühner, ausdauernder Suche nach dem Neuen erwachsen kann. Das ist nicht leicht zu erwerben – und wir sollten das auch nicht erwarten. In einem Artikel zum siebzigsten Geburtstag von Einstein sagte Philipp Frank, er habe eines Tages mit Einstein über einen bestimmten Physiker gesprochen, der sehr wenig Erfolg in seiner Forschung hatte. Er arbeitete immer wieder an Problemen, die ungeheure Schwierigkeiten boten. Er untersuchte die Probleme sehr eingehend und entdeckte so immer neue Schwierigkeiten; bei den meisten seiner Kollegen war er nicht sehr hoch angesehen. Wie Frank berichtet, sagte Einstein: „Ich bewundere solche Männer. Ich habe nichts übrig für Wissenschaftler, die ein Brett nehmen, nach der dünnsten Stelle suchen, und viele Löcher bohren, wo das Bohren einfach ist“.

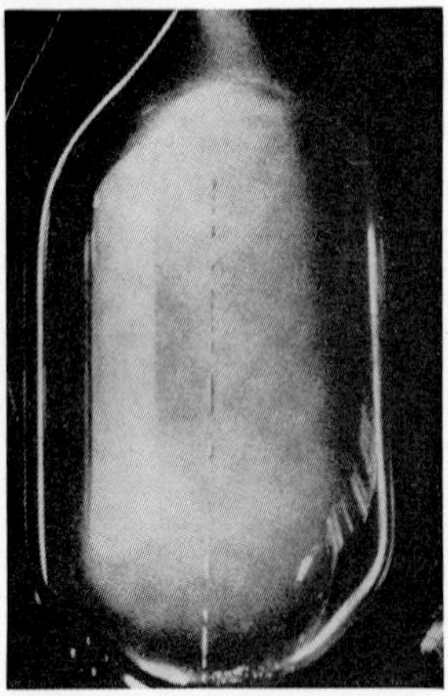

Abb. 25

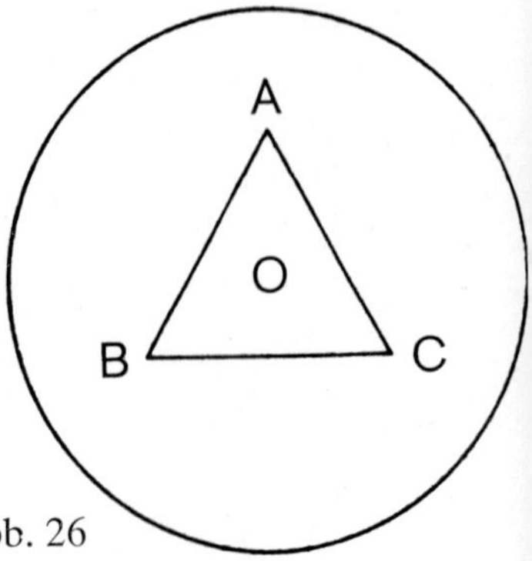

Abb. 26

Es ist natürlich wahr, daß in vielen Fällen die intensive Arbeit in einem neuen Forschungsgebiet nur zu immer weiteren Schwierigkeiten oder sogar in Sackgassen führt. Sehen wir uns aber einmal eine dieser Sackgassen an, nämlich Thomsons Atommodell, das wir heute mit der Unvoreingenommenheit betrachten können, die auf den Erfahrungen der letzten sechzig Jahre beruht. Wir erinnern uns, daß Thomson nach der Entdeckung des Elektrons sich ein Bild vom Atom machte, wie es in Abb. 26 dargestellt ist.

Die Elektronen befinden sich in Gleichgewichtslagen A, B und C, um die sie schwingen, wenn sie angeregt werden. Nachdem Thomson an verschiedenen Stoffen das Streuvermögen für Röntgenstrahlen gemessen hatte, berechnete er daraus die Zahl der Elektronen pro Atom in verschiedenen chemischen Elementen und gelangte zu bemerkenswert richtigen Schlüssen. Er erkannte, daß die Elektronenstruktur der Atome die ungeheuer wichtige Möglichkeit eröffnete, die chemischen Eigenschaften der Elemente zu erklären. Er fragte, wie die Struktur eines Atoms mit einem Elektron, mit zwei Elektronen, mit drei Elektronen usw. sein könnte. Das obige Bild stellt ein Atom mit drei Elektronen dar, die in eine gleichförmig positiv geladene Kugel eingebettet sind. Im Fall von vier Elektronen ist es unmittelbar einleuchtend, daß ihre Gleichgewichtslagen die Ecken eines Tetraeders bilden sollten. Betrachtet man jedoch Atome mit mehr Elektronen, dann wird das Problem, die Gleichgewichtslagen zu finden, trotz der klaren Fragestellung mathematisch sehr schwierig. Thomson nahm daher Zuflucht zu der folgenden experimentellen Anordnung, um die Struktur seines Atoms mechanisch zu simulieren. Er ließ lange Magnetnadeln mit Hilfe von Korken im Wasser schwimmen (Abb. 27). Die Magnete waren in gleicher Richtung gepolt, so daß zwischen ihnen ebenso wie zwischen den Elektronen im Atom abstoßende Kräfte auftreten, die in gleicher Weise umgekehrt proportional zum Quadrat des Abstandes sind.

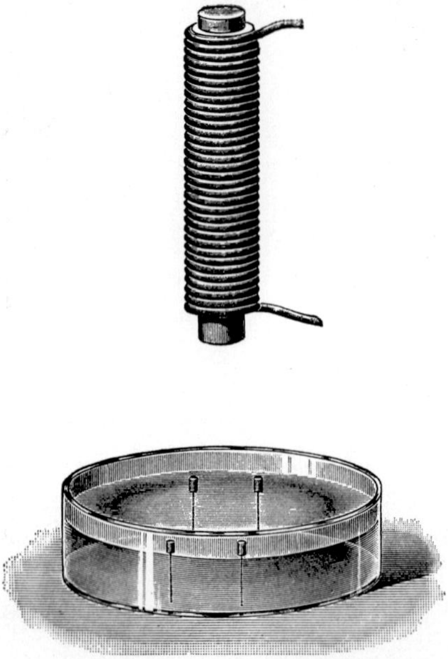

Abb. 27

Um den Einfluß der gleichförmig positiven Ladung nachzuahmen, die die Elektronen im Atom in ihren Gleichgewichtslagen hält, ließ er ein Magnetfeld wirken, das von einem hoch über der Wasseroberfläche angebrachten Elektromagneten erzeugt wurde. Man sieht leicht, daß die Horizontalkomponente der magnetischen Kraft, die der Elektromagnet auf jede Nadel ausübt, ungefähr proportional zur Entfernung der Nadel von dem Punkt direkt unterhalb des Magneten ist. In Thomsons Atom gilt das gleiche für die Kraft, die die gleichförmig verteilte positive Ladung auf die Elektronen ausübt. Die Gleichgewichtslage der schwimmenden Magnetnadeln ist daher eine Näherungslösung für die Elektronenkonfiguration in Thomsons Atom für den zweidimensionalen Fall. Abb. 28 zeigt die von Thomson gefundenen Konfigurationen. Man sieht interessanterweise, daß sich für große Zahlen von Nadeln ringförmige Anordnungen ausbilden.

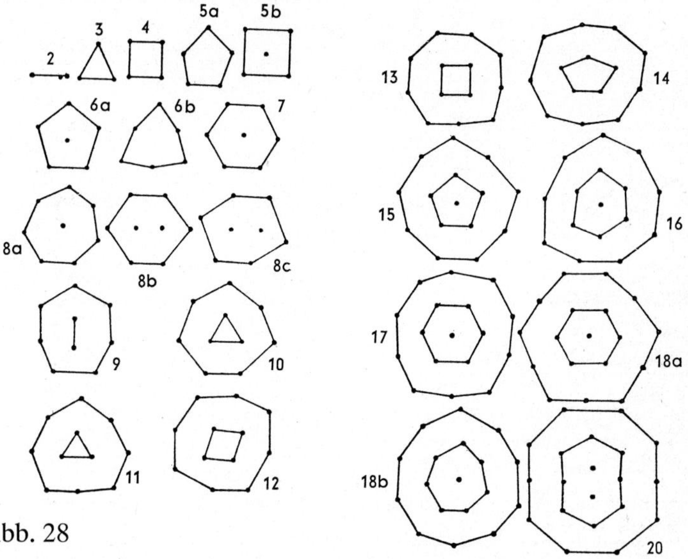

Abb. 28

Abb. 29 zeigt Thomsons Tabelle für die Zahl der Nadeln in jedem Ring. Ein Vergleich dieser Tabelle mit dem zu jener Zeit bekannten Periodensystem drängt sich von selbst auf. Thomson und seine Schüler führten daher zahlreiche Untersuchungen solcher Konfigurationen und der Schwingungsfrequenzen von Elektronen um ihre Gleichgewichtslagen durch. Wir wissen heute, daß diese Arbeiten nicht auf der richtigen Fährte waren. Aber wir wissen heute auch, daß sie nicht vergebens waren; wie wir früher diskutiert haben, erwuchs schließlich die richtige Idee des Rutherford-Atoms gerade aus solchen Überlegungen.

Versuchen wir jetzt, vier Punkte aus dem Studium der Elementarteilchen innerhalb der letzten zehn Jahre etwas genauer zu beschreiben. Der erste betrifft ein Rätsel, das sich etwa in den Jahren 1951 und 1952 aus den experimentellen Daten ergab. Man stellt zu jener Zeit fest, daß bei Stößen von hochenergetischen Teilchen sehr häufig seltsame Teilchen erzeugt wurden.

1.	2.	3.	4.	5.
1. 5	2.6	3.7	4.8	5.9
1. 6	2.7	3.8	4.9	—
1. 7	—	—	—	—
1.5. 9	2.7.10	3.7.10	4.8.12	5.9.12
1.6. 9	2.8.10	3.7.11	4.8.13	5.9.13
1.6.10	2.7.11	3.8.10	4.9.12	—
1.6.11	—	3.8.11	4.9.13	—
—	—	3.8.12	—	—
—	—	3.8.13	—	—
1.5. 9.12	2.7.10.15	3.7.12.13	4.9.13.14	—
1.5. 9.13	2.7.12.14	3.7.12.14	4.9.13.15	—
1.6. 9.12	—	3.7.13.14	4.9.14.15	—
1.6.10.12	—	3.7.13.15	—	—
1.6.10.13	—	—	—	—
1.6.11.12	—	—	—	—
1.6.11.13	—	—	—	—
1.6.11.14	—	—	—	—
1.6.11.15	—	—	—	—

Abb. 29

Da die Größe bzw. die Ausdehnung dieser Teilchen in der Größenordnung von 10^{-13} cm liegt und da die Geschwindigkeit beim Zusammenstoß dieser Teilchen von der Größenordnung der Lichtgeschwindigkeit, nämlich 3.10^{10} cm pro sec ist, bewegt sich die Stoßzeit offenbar in der Größenordnung von 10^{-23} sec. Diese Zeit von 10^{-23} sec stellt daher in mancher Hinsicht eine Zeiteinheit dieser Erscheinungen dar. Es war zu jener Zeit auch schon bekannt, daß die seltsamen Teilchen instabil sind und in verschiedene Arten von Teilchen zerfallen. Die mittlere Lebenszeit dieser Teilchen läßt sich auch nach vielen Methoden messen. Zum Beispiel zeigt Abb. 30 die Erzeugung eines Λ bei A. Es ist ein neutrales Teilchen und hinterläßt daher in der Kammer keine sichtbare Spur, sondern verrät seine Existenz nur dadurch, daß es in B in ein Proton und ein π^- zerfällt. Die Entfernung zwischen dem Entstehungs- und Zerfallungsort des Λ ist leicht zu messen.

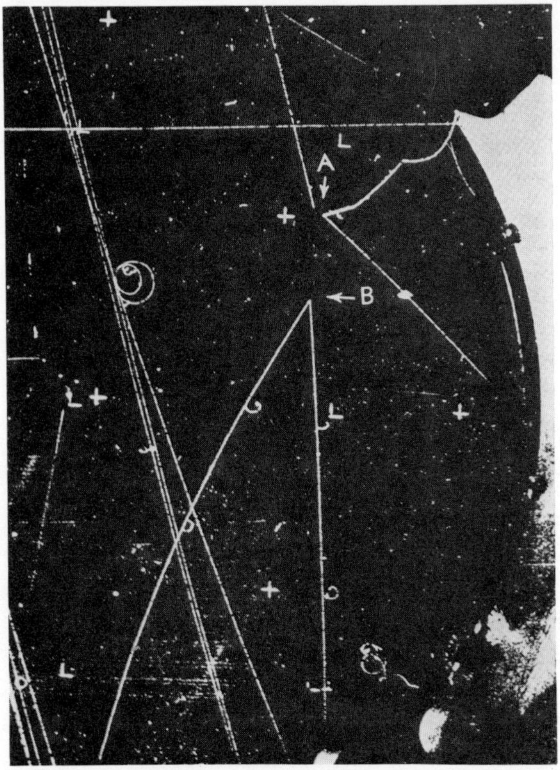

Abb. 30

Die Geschwindigkeit des Λ kann aus den Geschwindigkeiten der Zerfallsprodukte geschlossen werden, die ihrerseits aus den Krümmungen ihrer Bahn gemessen werden können. Die Lebensdauer des Λ-Teilchens erhält man einfach aus der Entfernung AB und der Geschwindigkeit. Als Mittelwert vieler solcher Messungen ergab sich die mittlere Lebenszeit zu einigen 10^{-10} sec. Mit menschlichen Maßstäben gemessen, ist das eine sehr kurze Lebenszeit, betrachtet man aber die vorhin erwähnten 10^{-23} sec als Zeiteinheit, dann ist die

Lebensdauer ungeheuer lang. In der Tabelle 4 am Ende des Buches sind die mittleren Lebenszeiten und die Zerfallsprodukte verschiedener Teilchen zusammengestellt. Die seltsamen Teilchen werden also in Zeiten der Größenordnung 10^{-23} sec erzeugt und zerfallen dann in etwa 10^{-10} sec, also in einer Zeit, die um den Faktor 10^{13} länger als die nukleare Zeiteinheit ist. Mit anderen Worten, bei der Erzeugung der Teilchen wirken offenbar Kräfte, die um einen Faktor 10^{13} stärker sind als beim Zerfall. Da in beide Prozesse gleichartige Teilchen verwickelt zu sein schienen, war es äußerst rätselhaft, weshalb sie mit derart verschiedenen Geschwindigkeiten bzw. Kräften stattfanden.

Die Lösung dieses Rätsels kam durch den Vorschlag von A. Pais und Y. Nambu, daß die seltsamen Teilchen *in Gruppen* von mehr als einem *erzeugt* werden, wobei sie untereinander und mit den anderen in dem Prozess auftretenden Teilchen in *starke* Wechselwirkung treten. Andererseits üben sie in den Fällen, in denen sie *einzeln* auftreten, wie in den *Zerfalls*prozessen, nur eine *schwache* Wechselwirkung aus. Diese Idee der „assoziierten Erzeugung" erhielt später eine eingehende experimentelle Bestätigung. Das folgende Bild (Abb. 31) zeigt eine der ersten im Laboratorium beobachteten Erzeugungen von seltsamen Teilchen.

Es stellt stereoskopische Ansichten der folgenden Ereignisse dar: Das einfallende π^--Meson hinterläßt die Spur AB, stößt im Punkt B auf ein Proton in der Kammer, und erzeugt dort ein K^0-Meson und ein Λ, die beide seltsame Teilchen sind.

$$\pi^- + p \rightarrow K^0 + \Lambda \quad \text{(starker Prozeß)}$$

Das K^0 und das Λ zerfallen später an den Punkten C bzw. D:

$$K^0 \rightarrow \pi^+ + \pi^- \quad \text{(schwacher Prozeß)}$$

$$\Lambda \rightarrow \pi^- + p \quad \text{(schwacher Prozeß)}$$

Wir kommen jetzt zu dem zweiten Punkt, den wir diskutieren wollen: Die Klassifizierung der Stärke der Wechselwirkungen. Wir haben schon gesehen, daß die Erzeugung der seltsamen Teilchen durch eine starke Wechselwirkung her-

A

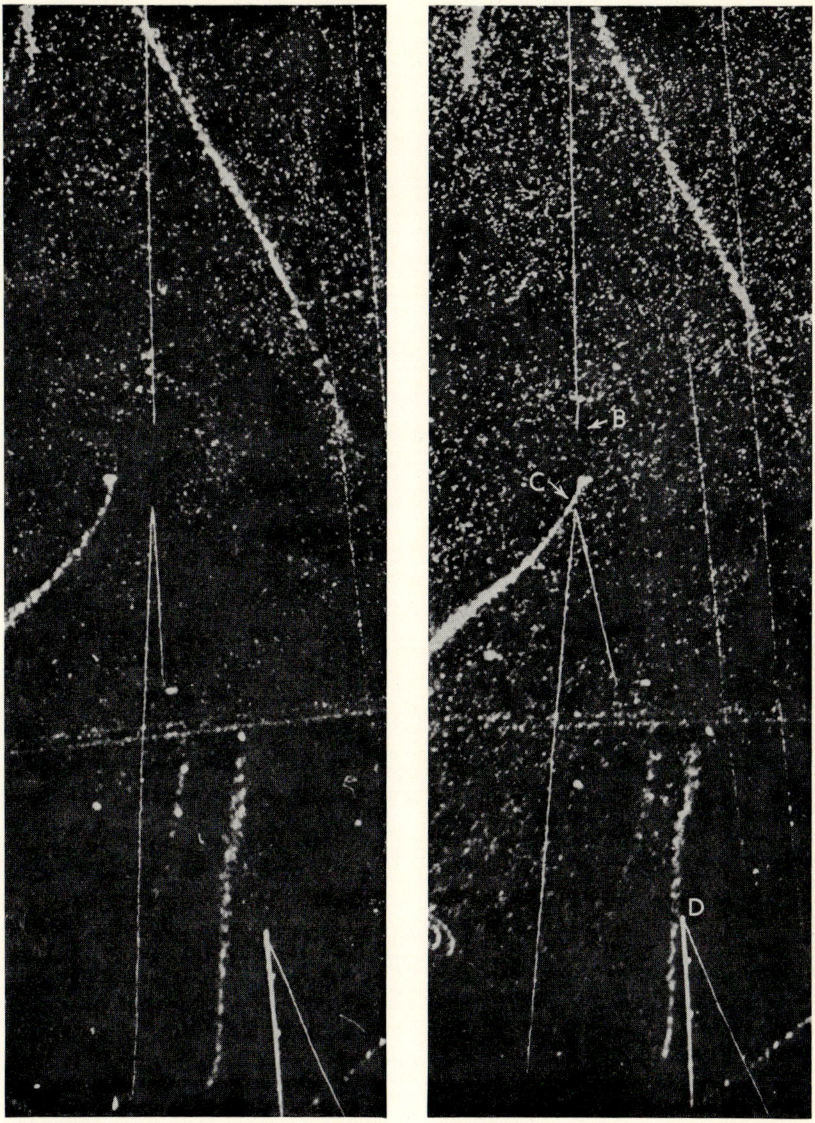

Abb. 31

vorgerufen wird, der Zerfall eines seltsamen Teilchens durch eine schwache Wechselwirkung. Eine solche Klassifizierung in starke und schwache Wechselwirkungen wurde zuerst in den Jahren 1948 und 1949 diskutiert und wird heute auf alle beobachteten Wechselwirkungen angewendet. Daraus ergibt sich ein Bild, das in der folgenden Tabelle dargestellt ist.

Tabelle 3

	Stärke
1. Starke Wechselwirkungen (Kern-Wechselwirkungen)	1
2. Elektromagnetische Wechselwirkungen	10^{-2}
3. Schwache Wechselwirkungen (Zerfallswechselwirkungen)	10^{-13}
4. Gravitationswechselwirkungen	10^{-38}.

Die in dieser Tabelle zuerst genannten starken Wechselwirkungen sind verantwortlich für die assoziierte Erzeugung der seltsamen Teilchen, das Zusammenhalten der Teilchen im Kern und z. B. für folgende Wechselwirkungen der π-Mesonen

$$p + p \to \pi^+ + p + n\,.$$

Die dritte Gruppe besteht aus den Wechselwirkungen, die für die in der Tabelle 4 aufgeführten Zerfälle verantwortlich sind. Das Verhältnis zwischen den Stärken der ersten und der dritten Gruppe ist der vorhin erwähnte Faktor 10^{13}; es ist in der Spalte „Stärke“ angegeben. Als wir die Entdeckung des $\pi \to \mu$-Zerfalls beschrieben, erwähnten wir, daß vor dieser Entdeckung eine Diskrepanz um den Faktor 10^{13} bestand. Das war derselbe Faktor 10^{13}, der die starken von den schwachen Wechselwirkungen trennt: Die π-Mesonen treten mit den Atomkernen in starke Wechselwirkung, während die μ-Mesonen in den Experimenten von Conversi, Pancini und Piccioni mit den Atomkernen nur in schwache Wechselwirkung treten.

Die anderen beiden Eintragungen in Tabelle 3 sind die bekannteren Wechselwirkungen. Durch die Theorien von Faraday und Maxwell sind uns die elektromagnetischen Wechselwirkungen am besten bekannt. Die Gravitationswechselwirkungen sind zwar wichtig, wenn sehr schwere Körper wie Sonne und Erde betroffen sind, jedoch zwischen den Elementarteilchen extrem schwach, wie in der Spalte „Stärke" angegeben ist.* Aus diesem Grund fallen die Gravitationswechselwirkungen bis heute nicht in den Bereich der Elementarteilchen Forschung, obwohl wenige Physiker daran zweifeln, daß sie letzten Endes doch berücksichtigt werden müssen, um ein einheitliches Bild zu ergeben.

Wir wollen betonen, daß die hier geschilderte Klassifizierung der Wechselwirkungen uns eine der wichtigsten Orientierungsmöglichkeiten der Elementarteilchen Forschung gibt. Sie erlaubt eine ganz klare Trennung der komplexen Erscheinungsformen jeder dieser vier Formen der Wechselwirkung. Die tiefgreifende und schwierige Frage nach der Ursache einer so klaren Trennungsmöglichkeit und insbesondere die Frage, weshalb viele unterschiedliche schwache Wechselwirkungen fast die gleiche Wechselwirkungsstärke haben, bleibt ungelöst.

Der dritte Punkt betrifft eine Erscheinung, die als Isospinsymmetrie bezeichnet wird. Ohne im einzelnen zu erklären, was diese Symmetrie bedeutet, betrachten wir wieder die Liste der Elementarteilchen in Abb. 18. Man sieht, daß die Teilchen bemerkenswerterweise in „Multipletts" oder Gruppen auftreten, die verschiedene Ladung, aber fast dieselbe Masse haben. Am längsten kennt man das Multiplett, das aus dem Proton und dem Neutron besteht. Daß das Proton und das Neutron, abgesehen von ihrer elektrischen Ladung, einander ähnlich sind, zeigt sich schon dadurch, daß die Kerne dazu tendieren, gleiche Zahlen von Protonen und Neutronen zu haben.

Die Idee der Gleichartigkeit von Proton und Neutron wurde

schon in den frühen dreißiger Jahren diskutiert und erhielt im Lauf der Zeit durch die Experimente immer neue Unterstützung. Dazu gehörte die Beobachtung, daß die neu entdeckten Teilchen auch in Multipletts auftraten. Die Frage nach dem tieferen Grund für diese Symmetrie ist ein weiteres faszinierendes Problem, das bis jetzt allen Lösungsversuchen getrotzt hat.

In der Zeit um 1953 haben M. Gell-Mann und K. Nishijima unabhängig voneinander darauf hingewiesen, daß die Erscheinungen der assoziierten Erzeugung und der Isospinsymmetrie miteinander verbunden sind. Sie stellten fest, daß der Ladungsschwerpunkt eines Multipletts von seltsamen Teilchen gegenüber dem von nicht-seltsamen Teilchen verschoben sein kann. Zum Beispiel ist das Λ um eine halbe Ladungseinheit vom Neutron-Proton Multiplett nach links verschoben. Damit wurde eine neue Größe eingeführt, die gleich dem doppelten Betrag dieser Verschiebung ist und Seltsamkeit (strangeness) genannt wird. In Tabelle 4 sind die Werte für die Seltsamkeit der Elementarteilchen aufgeführt. Man kann zeigen, daß die Isospinsymmetrie darauf hinausläuft, daß in Prozessen mit starker Wechselwirkung der Gesamtwert der Strangeness der Teilchen unverändert bleibt. Diese Regel wird als Satz von der Erhaltung der Strangeness bezeichnet. Sie hat sich als eine der fruchtbarsten Ideen für das Studium der seltsamen Teilchen erwiesen. Zum Beispiel ist in dem Prozess

$$\pi^- + p \rightarrow \pi^0 + \Lambda$$

der Gesamtwert der Strangeness der Teilchen vor dem Prozeß gleich Null (vgl. Tabelle 4). Der Gesamtwert der Seltsamkeit nach dem Prozeß ist –1. Gemäß der Regel ist daher dieser Prozeß nicht stark, und dieser Schluß stimmt mit dem Experiment überein. Andererseits bleibt in dem Prozeß

$$\pi^- + p \rightarrow K^0 + \Lambda$$

 dessen Bild wir in Abb. 31 gesehen haben, die Seltsamkeit

erhalten. Die Regel besagt, daß der Prozeß stark ist, und auch diese Aussage stimmt mit dem Experiment überein.

Der vierte Punkt, den wir diskutieren wollen, betrifft die Symmetrieprinzipien, von denen die genannte Isospinsymmetrie ein Spezialfall ist. Das Wort Symmetrie ist ein allgemein gebrauchtes Wort der Umgangssprache. In seiner Vanuxem-Vorlesung im Jahre 1951 gab Hermann Weyl eine schöne Darstellung symmetrischer Objekte in der Kunst, in der Natur und in der Mathematik. Die folgenden zwei Figuren sind Beispiele für Symmetrien, die vom Menschen geschaffen wurden bzw. in der Natur vorkommen. Sie sind dem Buch *„Symmetrie"* entnommen, in dem seine Vorlesung veröffentlicht wurde. Abb. 32 zeigt das Beispiel einer Gitter Struktur für ein chinesisches Fenster, Abb. 33 stellt Symmetrien aus dem Reich der lebenden Organismen dar. Der Symmetriebegriff der Physik entstammt direkt unserer alltäglichen Erfahrung. Aus der Betrachtung der Symmetrien

Abb. 32

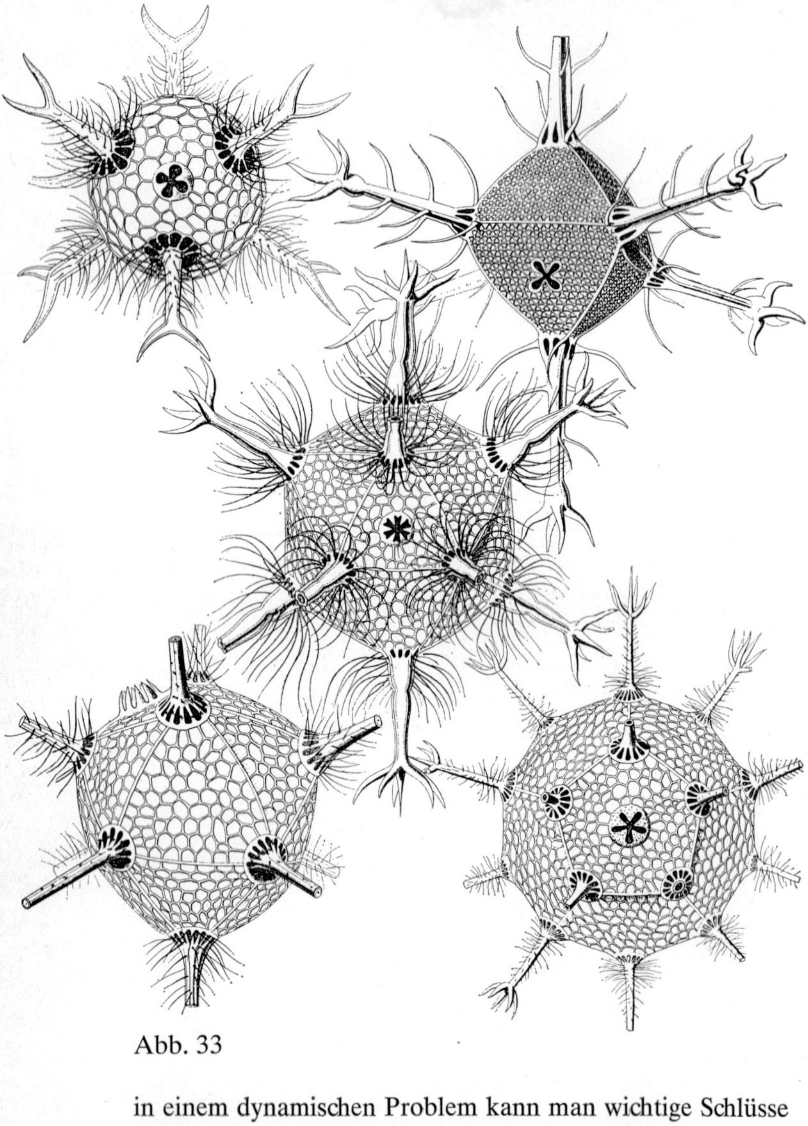

Abb. 33

in einem dynamischen Problem kann man wichtige Schlüsse ziehen. Zum Beispiel ist die Kreisbahn eines Elektrons in einem Wasserstoffatom die Folge der Symmetrie der Coulomb-Kraft, die der Kern auf das Elektron ausübt.

Die Symmetrie bedeutet in diesem Fall, daß die Kraft in allen Richtungen dieselbe Größe hat. Derartige Symmetrieprinzipien haben bereits in der klassischen Physik eine Rolle gespielt, aber in der Quantenmechanik ist ihre Bedeutung außerordentlich erweitert worden. Beispielsweise werden die elliptischen Bahnen jetzt ebenso in die Symmetriebetrachtungen einbezogen wie die Kreisbahnen. Es ist wirklich kaum möglich, die Bedeutung der Symmetrieprinzipien für die Quantenmechanik zu überschätzen. Um zwei Beispiele zu geben: Der Aufbau des Periodensystems ist im wesentlichen eine direkte und schöne Folge der oben erwähnten Symmetrie, der Isotropie der Coulomb-Kraft; die vorhin diskutierte Existenz der Antiteilchen wurde in der Diracschen Theorie vorausgesagt, welche auf den Prinzipien der relativistischen Symmetrie beruht. In beiden Fällen scheint die Natur, ebenso wie in anderen Fällen, die einfache mathematische Darstellung der Symmetriegesetze auszunutzen. Die innere Eleganz und Vollkommenheit der angewandten mathematischen Schlußfolgerung sowie die Vielfalt und Weite der physikalischen Konsequenzen sind großartige Quellen der Ermutigung und des Ansporns für die Physiker. Daraus erwächst die Hoffnung, die Natur besitze eine innere Ordnung, nach deren Erkenntnis man streben könne.

Eins der Symmetrieprinzipien, die Symmetrie von links und rechts, ist schon seit der Antike diskutiert worden. Die Frage, ob die Natur eine solche Symmetrie besitze, wurde von den Philosophen der Vergangenheit ausführlich erörtert. Im täglichen Leben sind links und rechts natürlich vollkommen verschieden. In bezug auf biologische Erscheinungen war es seit Pasteurs Arbeit aus dem Jahre 1848 bekannt, daß organische Verbindungen oftmals in nur einer von zwei Formen erscheinen, die jedoch beide in anorganischen Prozessen auftreten und die jeweils Spiegelbilder voneinander sind. Tatsächlich erwog Pasteur eine Zeitlang die Idee, die Fähigkeit, nur eine der beiden Formen hervorzubringen, sei das eigentliche Vorrecht des Lebendigen[11]. Im Gegensatz dazu zeigten die Gesetze der Physik immer eine völlige Symmetrie von links und rechts. Diese Symmetrie kann in der Quantenmechanik als Erhaltungssatz formuliert werden und zwar als Satz von der Erhaltung der Parität. Dieser Satz ist völlig identisch mit dem Prinzip der Symmmetrie von links und rechts. Der Begriff der Parität wurde zuerst von E. P. Wigner formuliert und erwies sich schnell als sehr nützlich für die Analyse der Atomspektren. Der Paritätsbegriff wurde später auch zur Untersuchung der Kerne, der Mesonen und der seltsamen Teilchen herangezogen. Man gewöhnte sich an die Vorstellung von Kernparitäten ebenso wie an die von Atomparitäten; man diskutierte und maß die Parität der Mesonen. Im Lauf dieser Entwicklung erwies sich der Begriff der Parität als außerordentlich fruchtbar und stützte damit die Vorstellung von der links-rechts Symmetrie der physikalischen Gesetze.

In den Jahren 1954 – 1956 entstand das sogenannte Θ-τ-Rätsel. Heute weiß man, daß Θ und τ-Mesonen dieselben Teilchen sind, die jetzt K genannt werden. In jenen Jahren wußte man aber nur, daß es Teilchen gab, die in zwei π-Mesonen zerfallen und Teilchen, die in drei π-Mesonen zerfallen. Man nannte sie Θ bzw. τ; der Name τ wurde von Powell im Jahre 1949 eingeführt. Im Lauf der Zeit wurden die Messungen immer genauer und diese steigende Genauigkeit ließ das ungelöste Rätsel immer deutlicher hervortreten. Einerseits war klar, daß Θ und τ sehr genau dieselbe Masse hatten. Man stellte auch fest, daß sie sich in anderer Hinsicht völlig gleich verhielten.

Es sah also aus, als seien Θ und τ wirklich die gleichen Teilchen, die auf zwei verschiedene Arten zerfallen können. Andererseits zeigten die immer genauer durchgeführten Experimente auch, daß Θ und τ nicht dieselbe Parität hatten und daher nicht die gleichen Teilchen sein konnten.

Die Lösung des Rätsels lag in einer Änderung der Konzeption der rechts-links Symmetrie. Im Sommer des Jahres 1956 untersuchten T. D. Lee und ich die zu jener Zeit vorliegenden experimentellen Beweise für diese Konzeption und kamen zu dem Schluß, daß im Gegensatz zur allgemeinen Ansicht die rechts-links Symmetrie im Falle der schwachen Wechselwirkung tatsächlich noch nicht experimentell bewiesen worden war. Falls die rechts-links Symmetrie für schwache Wechselwirkungen nicht gelten würde, dann wäre der Begriff der Parität auf den Zerfallsmechanismus der Θ und τ-Teilchen nicht anwendbar, so daß sie ein und dasselbe Teilchen sein könnten, was sie nach heutiger Kenntnis ja auch sind.

Als möglicher Ausweg aus dem Θ-τ-Rätsel wurde vorgeschlagen, man solle experimentell prüfen, ob die rechts-links Symmetrie für schwache Wechselwirkungen verletzt ist. Das Prinzip eines solchen Tests ist sehr einfach: Es werden zwei experimentelle Anordnungen aufgebaut, die Spiegelbilder voneinander sind. Sie müssen schwache Wechselwirkungen enthalten und dürfen nicht miteinander identisch sein.[12] Man prüft dann, ob die beiden Anordnungen immer dieselben Resultate ergeben. Tun sie es nicht, hätte man einen unzweifelhaften Beweis für die Verletzung der rechts-links Symmetrie in diesem Experiment. Abb. 34 zeigt schematisch das erste derartige Experiment, das von C. S. Wu, E. Ambler, R. W. Hayward, D. D. Hoppes und R. P. Hudson im Jahre 1956 durchgeführt wurde. Die Kobaltkerne zerfallen durch schwache Wechselwirkungen und die Zerfallsprodukte werden gezählt.

Man beachte, daß der Richtungssinn der Ströme sehr wesentlich für das Experiment ist.* Ohne diese Ströme wären die zwei Anordnungen zu beiden Seiten des gedachten Spiegels identisch und müßten immer dieselben Resultate ergeben. Um den Einfluß der Ströme auf die Kobaltkerne wirken zu lassen, mußte die Störung der Kobaltkerne durch die Wärmebewegung ausgeschlossen werden. Daher muß-

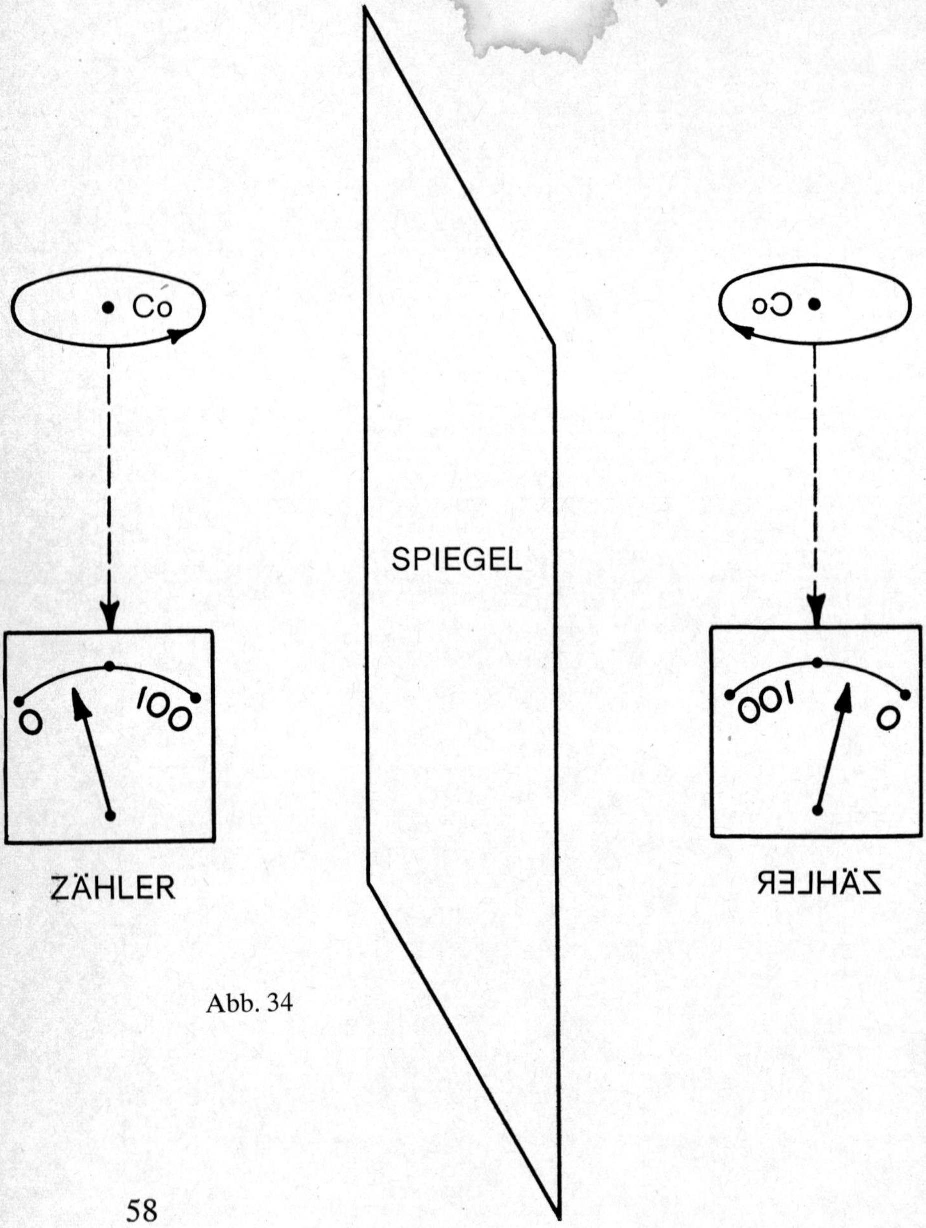

Abb. 34

ten die Experimente bei einer extrem tiefen Temperatur in der Größenordnung von 0,01 K ausgeführt werden. Das Hauptproblem war, die Meßtechnik für den β-Zerfall mit der Tieftemperaturanlage zu verbinden. Abb. 35 zeigt ein Bild der Anlage. Die Kobaltprobe befand sich in der Glasröhre im Vordergrund. Der große Magnet im Hintergrund war ein Teil der Kühlanlage.

Abb. 35

Als Resultat des Experiments ergab sich eine große Differenz zwischen den Anzeigen der beiden Meßinstrumente in Abb. 34. Da die anderen Teile der Apparatur der rechtslinks Symmetrie gehorchen, muß die Asymmetrie dem Zerfallsprozeß des Kobalts zugeschrieben werden, der durch schwache Wechselwirkung hervorgerufen wird.

Hermann Weyl sagte in seiner oben erwähnten Vorlesung[13], in der Kunst sei „Asymmetrie selten nur die bloße Abwesenheit von Symmetrie". Das scheint auch für die Physik zu gelten, denn durch die Entdeckung des Fehlens der rechts-links Symmetrie ergaben sich zwei neue Gesichtspunkte im Hinblick auf die rechts-links Symmetrie-Asymmetrie der Elementarteilchen und ihrer Wechselwirkungen. Der erste hat mit der Struktur des Neutrinos zu tun und ist interessanterweise die Wiederbelebung einer Idee, die ursprünglich im Jahre 1929 von Weyl formuliert worden war. Sie wurde in der Vergangenheit jedoch verworfen, weil sie nicht die rechts-links Symmetrie wahrte. Da das Neutrino nur an schwachen Wechselwirkungen teilnimmt, wurde durch die Verletzung der rechts-links Symmetrie in schwachen Wechselwirkungen dieser Grund für die Ablehnung hinfällig, so daß Weyls Idee wieder auflebte. Im Jahre 1957 wurden viele Experimente über Neutrinos ausgeführt, die die Idee Weyls bestätigten. Wir wollen hervorheben, daß Weyls Vorschlag auf der Eleganz und Einfachheit der mathematischen Schlußfolgerung beruhte. Es kann kaum ein Zufall sein, daß die Natur hier ebenso wie in anderen Fällen wieder ihre Vorliebe für einfache mathematische Formulierungen verrät.

Der zweite Gesichtspunkt betrifft die Frage, ob im Licht der neuen Entwicklung die rechts-links Symmetrie wirklich verloren geht. Der interessante Punkt ist jetzt, daß die Spiegelsymmetrie wieder hergestellt werden könnte, wenn man die Definition der Spiegelsymmetrie änderte. Um dies zu erklären, wollen wir die Meßwerte der rechten und linken Instrumente in Abb. 34 mit L bzw. R bezeichnen.

Mit $\bar{L}$ und $\bar{R}$ bezeichnen wir die Meßwerte derselben Anordnung, wenn sie aus Antimaterie aufgebaut wäre. Vor den Experimenten von Wu, Ambler, Hayward, Hoppes und

Hudson glaubte man wegen der rechts-links Symmetrie

$$L = R, \text{ und } \bar{L} = \bar{R}$$

Wegen der Materie-Antimaterie Symmetrie glaubte man auch

$$L = \bar{L}, \text{ und } R = \bar{R}$$

Folglich glaubte man

$$L = R = \bar{L} = \bar{R}$$

Ihr Experiment demonstrierte, daß diese Annahme ein Trugschluß war, denn es zeigt explizit

$$L \neq R$$

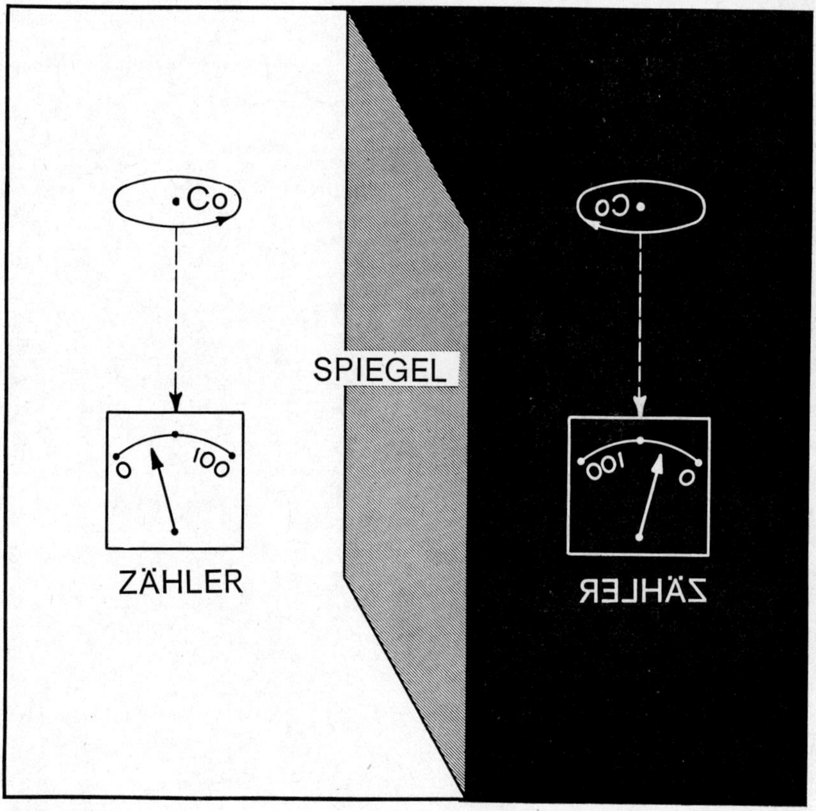

Abb. 36

Abb. 37

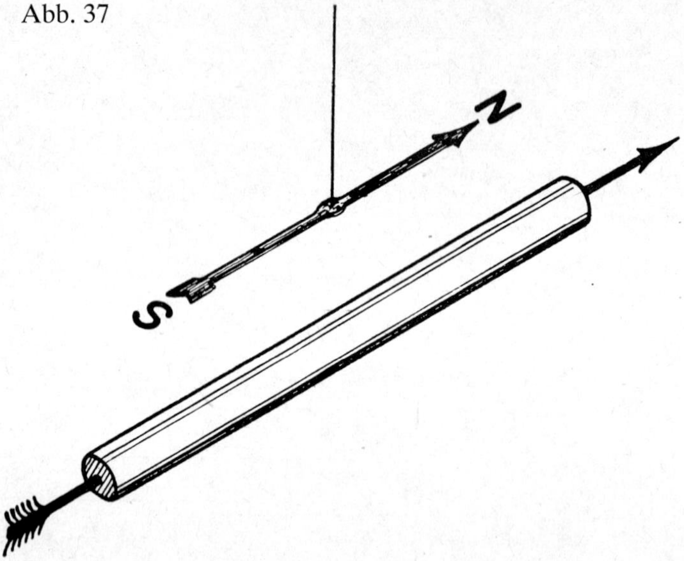

Aus ihren quantitativen Resultaten und aus späteren Experimenten in vielen Laboratorien kann man zeigen, daß in Wirklichkeit

$$L = \bar{R} \neq \bar{L} = R$$

gilt. Es gibt also offensichtlich weniger Symmetrie, als man ursprünglich annahm, aber es gibt noch *etwas* Symmetrie in den Beziehungen

$$L = \bar{R}$$
$$\bar{L} = R$$

Man kann sie zusammenfassen in dem Prinzip, daß die physikalischen Gesetze unverändert bleiben, wenn man eine Spiegelung vornimmt *und* alle Materie in Antimaterie überführt. Diese kombinierte Transformation, die die physikalischen Gesetze unverändert läßt, könnte so als der wahre Spiegelungsprozeß *definiert* werden. Gemäß dieser Definition ist die Spiegelsymmetrie wiederhergestellt.

Diese neue Definition der Spiegelung wird durch Abb. 36 illustriert, in der die Antimaterie durch weiße Schrift auf schwarzem Grund dargestellt wird. In dieser Figur ist die Anzeige des Instruments auf der linken Seite L, die des Instruments auf der rechten Seite $\overline{R}$. Die Experimente zeigen, daß diese beiden Werte gleich *sind.*

Natürlich bleibt die Frage, warum man die Umwandlung der Materie in Antimaterie mit der Spiegelung *kombinieren* muß, um die Symmetrie zu erhalten. Die Antwort auf eine solche Frage kann man nur durch ein tieferes Verständnis der Beziehung zwischen Materie und Antimaterie erhalten. Heute ist kein derartiges Verständnis in Sicht. Es ist aber interessant und nützlich, an eine etwas ähnliche Frage und ihre schließliche Lösung zu denken. Wir zitieren aus Weyls Buch *„Symmetrie“*:

„Ernst Mach berichtet von dem geistigen Schock, den er als Junge erhielt, als er lernte, daß eine Magnetnadel in einem bestimmten Sinn, d. h. nach links oder nach rechts, abgelenkt wird, wenn sie parallel zu einem Draht hängt, durch den ein Strom bestimmter Richtung fließt.

Da die ganze geometrische und physikalische Konfiguration einschließlich des elektrischen Stroms und der Nord- und Südpole der Magnetnadel, augenscheinlich symmetrisch zu der Ebene E ist, die man durch den Draht und die Magnetnadel legen kann, sollte die Nadel wie Buridans Esel* zwischen zwei gleichen Heubündeln reagieren und sich weigern, sich für rechts oder links zu entscheiden . . .“ (siehe Abb. 37)

Machs Schwierigkeit liegt in der scheinbaren Spiegelsymmetrie der Anordnung nach Abb. 37 in Bezug auf die Ebene E, die den Draht und die Magnetnadel enthält. Aber ein tieferes *Verständnis des Magnetismus* zeigte, daß die Symmetrie nur scheinbar besteht.

Ein Magnet ist ein Magnet, weil er Elektronen enthält, die Kreisbewegungen ausführen,* deren Richtung in Abb. 38 angedeutet ist. Durch die in dem Bilde angegebene Spiegelung wird die Polarität des Magneten umgekehrt. Daher ist die Spiegelsymmetrie in Bezug auf die Ebene E in Wirklichkeit nicht vorhanden, so daß Machs Schwierigkeit beseitigt wird.

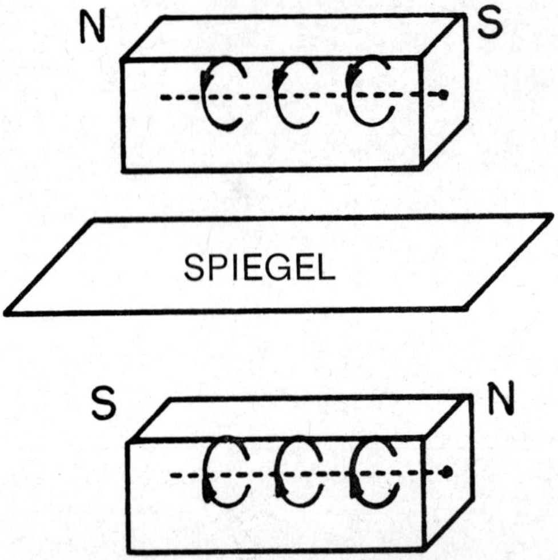

Abb. 38

Es ist amüsant zu bemerken, daß die Symmetrien, die aus einer kombinierten Transformation entstehen, in der bildenden Kunst wohlbekannt sind. In Abb. 39 zeigen wir eine bemerkenswerte Arbeit des holländischen Künstlers M. C. Escher. Man beachte, daß das Bild nicht mit seinem Spiegelbild identisch ist. Vertauscht man jedoch die hellen und dunklen Farben des Spiegelbildes, dann ist die Identität wiederhergestellt.

In diesen Diskussionen haben wir einen kurzen Ausflug in das Gebiet der Physik der letzten sechzig Jahre unternommen, wobei wir im wesentlichen der historischen Entwicklung der Elementarteilchenphysik gefolgt sind. Es wurde keine Vollständigkeit dieser Diskussionen angestrebt. Viele Entdeckungen von revolutionärer Bedeutung wurden nicht einmal erwähnt.

In allen Fällen konnten wir nur die ersten Anfänge der geschilderten Ideen streifen, nicht ihre endgültige Vollendung darstellen. In diesen Diskussionen wurde immer wieder

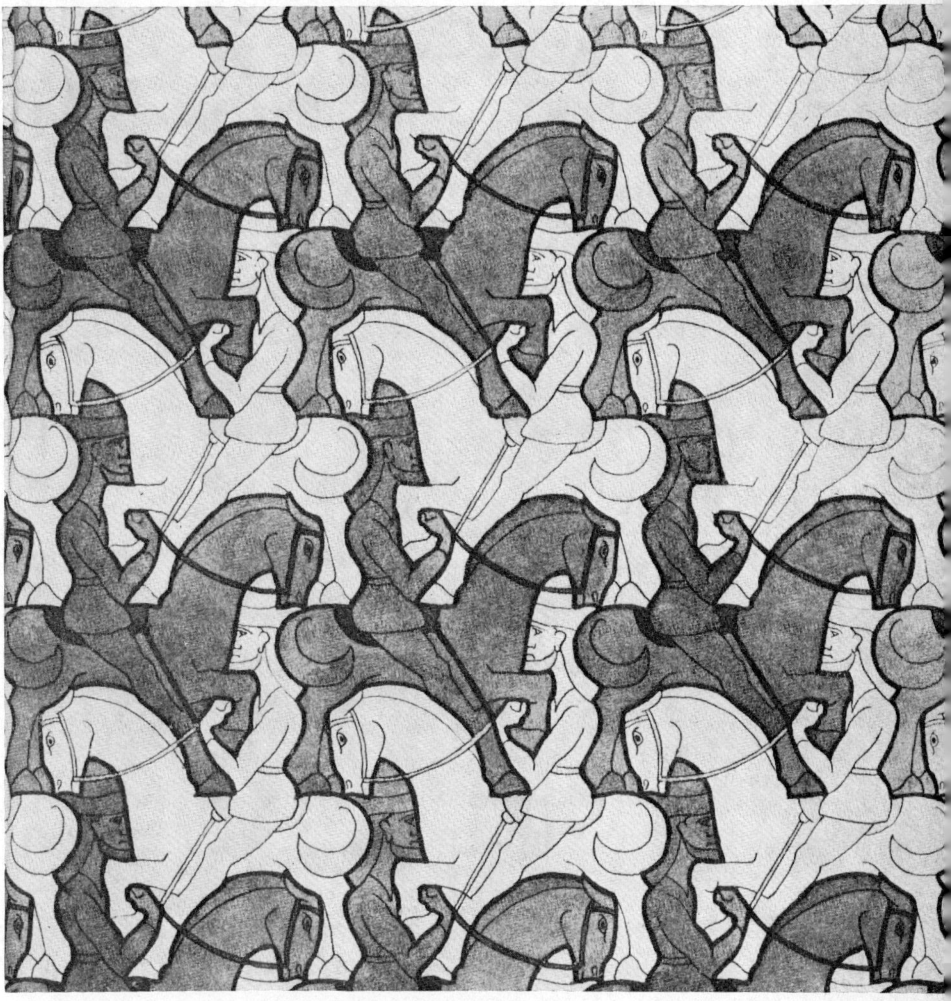

Abb. 39

betont, daß zu jeder Zeit die Entwicklung der verschiedenen Ideen nur durch das kunstvolle Wechselspiel zwischen experimenteller Realität und theoretischen Konzeptionen zustande kam. Nur aus Gründen der Anschaulichkeit waren die verwendeten Argumente und Schlußfolgerungen qualitativer Natur, aber daraus sollte nicht geschlossen werden, daß in der Physik neue Teilchen und neue Vorstellungen ohne detaillierte und quantitative Formulierungen akzeptiert würden. Die Physik ist eine exakte Wissenschaft und die Physiker nehmen es mit ihrem Gebiet sehr genau.

Was aber ist das letzte Ziel dieser Bemühungen? Was ist die Vision des Physikers? Niemand spricht über diese Frage mit größerem Wissen oder größerer Autorität als Einstein. Er sagte, das Ziel der Bemühungen sei es, Konzeptionen zu entwickeln, mit denen ein umfassendes leistungsfähiges System der theoretischen Physik formuliert werden kann. Dieses System muß so einfach wie möglich sein und dennoch durch deduktive Schlußfolgerungen zu Ergebnissen führen, die der empirischen Wirklichkeit entsprechen. Er schrieb[14]:

„Ein fertiges System der theoretischen Physik besteht aus Begriffen, Grundgesetzen, die für jene Begriffe gelten sollen und aus durch logische Deduktion abzuleitenden Folgesätzen. Diese Folgesätze sind es, denen unsere Einzelerfahrungen entsprechen sollen . . .

Die Ratio gibt den Aufbau des Systems; die Erfahrungsinhalte und ihre gegenseitigen Beziehungen sollen durch die Folgesätze der Theorie ihre Darstellung finden. In der Möglichkeit einer solchen Darstellung allein liegt der Wert und die Berechtigung des ganzen Systems und im besonderen auch der ihm zugrunde liegenden Begriffe und Grundgesetze.

Die logisch nicht weiter reduzierbaren Grundbegriffe und Grundgesetze bilden den unvermeidlichen, rational nicht erfaßbaren Teil der Theorie. Vornehmstes Ziel aller Theorie ist es, jene irreduziblen Grundelemente so einfach und so wenig zahlreich als möglich zu machen, ohne auf die zutreffende Darstellung irgendwelcher Erfahrungsinhalte verzichten zu müssen."

Über die Realisierbarkeit dieser großartigen Aufgabe sagt er schließlich: „. . . dürfen wir überhaupt hoffen, den richtigen Weg zu finden? Noch mehr: Existiert dieser richtige Weg nicht nur in unserer Illusion? Dürfen wir denn hoffen, von der Erfahrung sicher geleitet zu werden, wenn es Theorien gibt wie die klassische Mechanik, die der Erfahrung weitgehend gerecht werden, ohne die Sache in die Tiefe zu erfassen? Hierauf antworte ich mit aller Zuversicht, daß es den richtigen Weg nach meiner Meinung gibt und daß wir ihn auch zu finden vermögen. Nach unserer bisherigen Erfahrungen sind wir nämlich zum Vertrauen berechtigt, daß die Natur die Realisierung des mathematisch denkbar Einfachsten ist. Durch rein mathematische Konstruktion vermögen wir nach meiner Überzeugung diejenigen Begriffe und diejenige gesetzliche Verknüpfung zwischen ihnen zu finden, die den Schlüssel für das Verstehen der Naturerscheinungen liefern.*

Dieser Glaube, dem Einstein in so bewegenden Worten Ausdruck verliehen hat, gibt den Physikern auch heute Kraft.

Anmerkungen des Übersetzers

* Yang bezieht sich hier auf Millikans Präzisionsmessungen des photoelektrischen Effekts [Phys. Rev. *7,* 18 (1916)], die zu einer quantitativen Bestätigung der Einsteinschen Gleichung führten. Anm. d. Übers.

zu S. 12

* Nach der relativistischen Mechanik stellt für Teilchen ohne Ruhemasse (Photonen und Neutrinos) der Ausdruck „Impuls mal Lichtgeschwindigkeit" die Energie dar. Anm. d. Übers.

zu S. 15

* Diese Erscheinung wird in der deutschen Literatur als „Brockengespenst" bezeichnet, da sie auch in der Umgebung des Brocken beobachtet wird. Anm. d. Übers.

* Englische Bezeichnung für das zu bestrahlende Präparat (Anm. d. d. Übers.).

zu S. 51

* Dieser Satz bedeutet nicht, daß die Gravitation auf Elementarteilchen prinzipiell schwächer wirke als auf makroskopische Körper. Vielmehr wirkt die Gravitation auf jede Art von Materie, sogar auf Teilchen ohne Ruhemasse. Im Bereich der Elementarteilchen wird

jedoch die Gravitation von den sehr viel stärkeren elektrischen und Kern-Wechselwirkungen völlig überdeckt. Dagegen wird die Planetenbewegung aus zwei Gründen *nur* von der Gravitation beeinflußt. a) Die Kernkräfte haben nur eine Reichweite von 10^{-13} cm. b) Die elektrischen Kräfte haben zwar dieselbe Reichweite wie die Gravitation, kommen bei bei der Planetenbewegung jedoch nicht in Betracht, weil die Planeten praktisch gleiche Zahlen von Protonen und Elektronen enthalten, so daß sich die elektrischen Kräfte kompensieren. Anm. d. Übers.

zu S. 57

* Der Richtungssinn des Kreisstromes in einem Elektromagneten definiert die Richtung des Magnetfeldes, das die magnetischen Momente der Kobaltatome und Kobaltkerne ausrichtet. Anm. d. Übers.

zu S. 63

* Der französische Philosoph Jean Buridan (ca. 1295–1366) diskutierte im Zusammenhang mit dem Problem der Willensfreiheit in einem Kommentar zu Aristoteles' *De caelo* die Frage, ob sich ein Hund (nicht, wie meist zitiert, ein Esel) zwischen zwei gleich guten Futterportionen entscheiden könne oder aber – von beiden Seiten gleich stark angezogen – verhungern müsse. Anm. d. Übers.

zu S. 63

* In normalen Magneten kommt der Magnetismus nicht durch Kreisströme zustande, sondern durch die magnetischen Momente der Elektronen. Das angegebene Argument bleibt jedoch gültig, weil das magnetische Moment des Elektrons mit dem Spin gekoppelt ist, der sich wie ein Kreisel verhält. Anm. d. Übers.

zu S. 67

* Die vollständige Fassung des von Yang auszugsweise wiedergegebenen Textes findet der deutsche Leser in einer unter dem Titel „Mein Weltbild“ herausgegebenen Sammlung von Aufsätzen Einsteins (Ullstein Taschenbuch Nr. 65, Seite 113 ff) Anm. d. Übers.

Bildnachweis

Der Autor dankt den Verlegern und Autoren, die liebenswürdigerweise die Erlaubnis zur Verwendung der folgenden Abbildungen erteilten.

Abb. 1. J. J. Thomson, *Recollections and Reflections,* p. 325. MacMillan, New Yok (1937). Wiedergegeben mit Genehmigung von The Master and Fellows of Trinity College, Cambridge.
Abb. 2. Die Original-Photographie wurde dem Science Museum, London, von dem verstorbenen Lord Kelvin als Leihgabe zur Verfügung gestellt.
Abb. 3. J. J. Thomson, *Philosophical Magazine,* Vol. *44,* p. 296 (1897).
Abb. 4. 26, 28, 29. J. J. Thomson, *Elektrizität und Materie,* Abb. 17, 18 und Tabelle auf Seite 73. Braunschweig (1904).
Abb. 6. M. Born, *Restless Universe,* Abb. 77. Dover, New York (1951).
Abb. 7. J. Chadwick, *Proceedings of Royal Society,* London, Vol. *A 136,* p. 695 (1932).
Abb. 8. Science Museum, London. Wiedergegeben mit Genehmigung des Cavendish Laboratory, Cambridge.
Abb. 9. C. T. R. Wilson, *Proceedings of Royal Society,* London, Vol. *A 87,* p. 278 (1912).
Abb. 10. Carl D. Anderson, *Physical Review,* Vol. *43* p. 492 (1933).
Abb. 12. A. M. Thorndike, *Mesons, A Summary of Experimental Facts,* Abb. 5. McGraw-Hill, New York (1952).
Abb. 13. C. F. Powell und G. P. S. Occhialini, *Nuclear Physics in Photographs,* Pls, XLIX und L. Clarendon Press, Oxford (1947).
Abb. 14. C. F. Powell, *Reports on Progress in Physics,* Vol. *13,* p. 384 (1950).
Abb. 16. A. M. Thorndike, *Mesons, A Summary of Experimental Facts,* Abb. 13. McGraw-Hill, New York (1952). Dies ist eine Zeichnung der Original-Photographie von G. D. Rochester und C. C. Butler, *Nature,* Vol. *160,* p. 855 (1947).
Abb. 17. R. Brown, U. Camerini, P. H. Fowler, H. Muirhead, C. F. Powell und D. M. Ritson, *Nature,* Vol. *163*, p. 82 (1949).
Abb. 19. L. W. Alvarez.
Abb. 20. 21. Brookhaven National Laboratory.
Abb. 23. L. W. Alvarez.
Abb. 25. D. A. Glaser.
Abb. 27. J. J. Thomson, *Die Korpuskulartheorie der Materie,* Abb. 25. Braunschweig (1908).
Abb. 30. D. A. Glaser.

Abb. 31. W. B. Fowler, R. P. Shutt, A. M. Thorndike und W. L. Whittemore, *Physical Review,* Vol. *93,* p. 863 (1954).

Abb. 32. H. Weyl, *Symmetry,* Abb. 67. Princeton University Press (1952). Das Bild stammt ursprünglich von D. S. Dye, *A Grammar of Chinese Lattice*, Abb. C9b, Harvard Yenching Institute Monograph V, Cambridge (1937).

Abb. 33. H. Weyl, *Symmetry,* Abb. 45. Princeton University Press (1952). Das Bild stammt ursprünglich von E. Haeckel, Challenger monograph, *Report on the Scientific Results of the Voyage of H. M. S. Challenger,* Vol. *XVIII,* Pl. 117. H. M. S. O. (1887).

Abb. 35. C. S. Wu, E. Ambler, R. W. Hayward, D. D. Hoppes und R. P Hudson.

Abb. 37. H. Weyl, *Symmetry*, Abb. 14. Princeton University Press (1952).

Abb. 39. P. Terpstra, *Introduction to the Space Groups,* Wolters, Groningen (1955). Das Bild stammt ursprünglich von M. C. Escher.

Fußnoten

1 W. T. Kelvin, *Nature LVI,* 1897, p. 84.

2 J. J. Thomson, *Recollections and Reflections,* MacMillan Co., 1937 p. 334.

3 J. J. Thomson, *Phil. Mag. 44,* 1897, p. 293.

4 N. Bohr, *J. Chem. Soc.,* Feb. 1932, p. 349.

5 J. R. Oppenheimer, *Science and the Common Understanding,* Simon and Schuster, 1953.

6 MeV ist die Abkürzung für „Millionen Elektronenvolt“; das ist die Energie, die ein Elektron beim Beschleunigen durch eine Spannung von 10^6 Volt gewinnt.

7 V. T. R. Wilson Le Prix Nobel, 1927.

8 H. Yukawa, „Collected Papers from Osaka University“, II, 1935, p. 52.

9 Siehe R. A. Millikan, *Electrons, Protons, Photons, Neutrons, Mesotrons and Cosmic Rays,* University of Chicago Press, 1947.

10 Die Zerfalls Produkte von π^-, μ^- und $\bar{n}$ sind die Antiteilchen der Zerfalls Produkte von π^+, μ^+ und n:
$\pi^- \to \mu^- + \bar{\nu}$; $\mu^- \to e^- + \bar{\nu} + \nu$; $\bar{n} \to \bar{p} + e^+ + \nu$

11 F. M. Jaeger, *The Principle of Symmetry,* Amsterdam: Elsevier, 1920.

12 Wenn die beiden Anordnungen miteinander identisch sind, ergeben sie immer die gleichen Resultate. Die Experimente würden dann keine Prüfung der rechts-links Symmetrie ermöglichen.

13 H. Weyl, *Symmetrie,* Princeton University Press, 1952.

14 A. Einstein, *Essays in Science*, Philosophical Libraray, 1934, pp. 14–15.

Tabelle 4 S. 72 und 73 (die beiden nächsten Seiten).

TABELLE 4

TEILCHEN		Elektrische Ladung[1]	Masse in MeV[2]	Spin[3]
Baryonen				
Ξ^-	(Xi minus)	$-e$	1319	$^1/_2$
Ξ^0	(Xi null)	0	~1311	$^1/_2$
Σ^-	(Sigma minus)	$-e$	1196	$^1/_2$
Σ^0	(Sigma null)	0	1192	$^1/_2$
Σ^+	(Sigma plus)	$+e$	1190	$^1/_2$
Λ	(Lambda)	0	1115	$^1/_2$
n	(Neutron)	0	940	$^1/_2$
p	(Proton)	$+e$	938	$^1/_2$
Bosonen				
K^0	(K null)	0	498	0
K^+	(K plus)	$+e$	494	0
π^+	(Pi plus)	$+e$	140	0
π^0	(Pi null)	0	135	0
γ	(Photon)	0	0	1
Leptonen				
μ^-	(My minus)	$-e$	106	$^1/_2$
e^-	(Elektron)	$-e$	0,511	$^1/_2$
ν	(Neutrino)	0	0	$^1/_2$

1. $e = 1{,}602.10^{-19}$ As.
2. MeV = Million Elektronenvolt = $1{,}602 \cdot 10^{-13}$ Ws.
3. Spin = Drehimpuls in Einheiten von $\hbar$, $\hbar = 1{,}054 \cdot 10^{-34}$ Ws^2.
4. K^0 und $\overline{K^0}$ haben die gleichen Arten von Zerfallsprodukten: $\pi^+ + \pi^-, \pi^0 + \pi^0, \pi^+ + \mu^- + \bar{\nu}$ und andere. Sie haben beide *zwei* mittlere Lebensdauern = $1 \cdot 10^{-10}$ s und $6 \cdot 10^{-8}$ s. Alle anderen Teilchen in dieser Tabelle haben nur eine mittlere Lebensdauer.

TABELLE 4

Strangeness	Mittlere Lebensdauer in Sekunden	Häufigste Zerfallsarten	ANTITEILCHEN[5]
−2	2×10^{-10}	$\pi^- + \Lambda$	$\overline{\Xi}^+$ (Antixi plus)
−2	$\sim 2 \times 10^{-10}$	$\pi^0 + \Lambda$	$\overline{\Xi}^0$ (Antixi null)
−1	$1{,}6 \times 10^{-10}$	$\pi^- + n$	$\overline{\Sigma}^+$ (Antisigma plus)
−1	$\approx 10^{-20}$	$\gamma + \Lambda$	$\overline{\Sigma}^0$ (Antisigma null)
−1	$0{,}8 \times 10^{-10}$	$\pi^+ + n$ oder $\pi^0 + p$	$\overline{\Sigma}^-$ (Antisigma minus)
−1	$2{,}5 \times 10^{-10}$	$\pi^- + p$ oder $\pi^0 + n$	$\overline{\Lambda}$ (Antilambda)
0	$1{,}0 \times 10^3$	$e^- + \bar{\nu} + p$	$\bar{n}$ (Antineutron)
0	stabil	——	$\bar{p}$ (Antiproton)
+1	(s. Fußnote 4)	(s. Fußnote 4)	$\overline{K}^0$ (Anti K null)
+1	$1{,}2 \times 10^{-8}$	$\mu^+ + \nu$, $\pi^+ + \pi^0$, oder andere	K^- (K minus)
0	$2{,}6 \times 10^{-8}$	$\mu^+ + \nu$	π^- (Pi minus)
0	$< 10^{-15}$	$\gamma + \gamma$	Teilchen gleich Antiteilchen
0	stabil	——	Teilchen gleich Antiteilchen
undefiniert	$2{,}26 \times 10^{-6}$	$e^- + \nu + \bar{\nu}$	μ^+ (My plus)
undefiniert	stabil	——	e^+ (Positron)
undefiniert	stabil	——	$\bar{\nu}$ (Antineutrino)

5. Ein Teilchen und sein Antiteilchen haben dieselben Massen, Spins und Lebensdauern. Sie haben entgegengesetzt gleiche elektrische Ladungen sowie entgegengesetzt gleiche Strangeness. Die Zerfallsprodukte eines Antiteilchens sind die Antiteilchen der Zerfallsprodukte des Teilchens. Zum Beispiel $\overline{\Xi}^+ \rightarrow \pi^+ + \overline{\Lambda}$. Man vergleiche jedoch die obige Nr. 4.

Register